科协治理纵横谈

中国科协创新战略研究院
重庆市科学技术协会　编
四川省科学技术协会

中国科学技术出版社
·北　京·

图书在版编目（CIP）数据

科协治理纵横谈 / 中国科协创新战略研究院，重庆
市科学技术协会，四川省科学技术协会编 . -- 北京：中
国科学技术出版社，2021.11
　ISBN 978-7-5046-9305-1

　Ⅰ. ①科⋯　Ⅱ. ①中⋯　②重⋯　③四⋯　Ⅲ. ①中国科
学技术协会－工作经验－文集　Ⅳ. ① G322.25-53

中国版本图书馆 CIP 数据核字（2021）第 232501 号

策划编辑	符晓静	
责任编辑	李　洁	史朋飞
封面设计	中科星河	
正文设计	中文天地	
责任校对	邓雪梅	
责任印制	徐　飞	

出　　版	中国科学技术出版社
发　　行	中国科学技术出版社有限公司发行部
地　　址	北京市海淀区中关村南大街 16 号
邮　　编	100081
发行电话	010-62173865
传　　真	010-62173081
网　　址	http://www.cspbooks.com.cn

开　　本	710mm×1000mm　1/16
字　　数	310 千字
印　　张	20.75
版　　次	2021 年 11 月第 1 版
印　　次	2021 年 11 月第 1 次印刷
印　　刷	北京长宁印刷有限公司
书　　号	ISBN 978-7-5046-9305-1 / G·925
定　　价	68.00 元

编委会

前　　言

习近平总书记强调，各级党委（党组）要在党中央的统一领导下，紧密结合本地区本部门本单位实际，推进制度创新和治理能力建设。要鼓励基层大胆创新、大胆探索，及时对基层创造的行之有效的治理理念、治理方式、治理手段进行总结和提炼，不断推动各方面制度完善和发展。

"万物得其本者生，百事得其道者成。"当前，科协系统深化改革已经进入深水区。要进一步推动科协治理结构和治理方式现代化，必须集众人之智、聚众人之力才能圆众人之梦。为此，中国科协创新战略研究院、重庆市科学技术协会、四川省科学技术协会于2020年5—10月联合举办了以"十四五"时期科协治理现代化为主题的第五届科协改革论文征集活动，并将涌现出的优秀作品汇编成《科协治理纵横谈》予以出版。

《科协治理纵横谈》根植于习近平新时代中国特色社会主义思想，围绕科协治理结构和治理方式改革这一重点，深入研讨科协组织强化政治引领、促进学术繁荣、加强科学普及、建设科技智库、凝聚科技人才、服务国家治理等方面存在的突出问题及改进方法。书中收录的习近平总书记在中国科学院第二十次院士大会、中国工程院第十五次院士大会和中国科学技术协会第十次全国代表大会上发表的重要讲话，是中国共产党百年来领导科技事业的大总结，是我国实现高水平科技自立自强的动员令，是建设世界科技强国的作战图，是做好新时代科协工作的指南针，是给全国科技工作者的励志书。本书中收录的第五届科协改革研讨活动优秀论文和重庆市科协理论研究成果，视野开阔、主题鲜明、观点新颖、研究深入、论证充分，对推进科协系统制度创新和治理能力建设有一定的理论价值和指导作用。

"犯其至难而图其至远。"制度更加成熟、更加定型是一个动态过程，治理能力现代化也是一个动态过程，不可能一蹴而就，也不可能一劳永逸。希望《科协治理纵横谈》能够对各级科协组织深化改革有所启发。诚挚欢迎各界人士继续关注并支持科协改革研讨活动，为把科协组织建设得更加充满活力、更加坚强有力贡献宝贵智慧。

《科协治理纵横谈》编委会

2021 年 8 月

目录

服务国家治理

中央领导指示精神

习近平在中国科学院第二十次院士大会、中国工程院第十五次院士大会、中国科协第十次全国代表大会上的讲话

各位院士，同志们，朋友们：

今天，中国科学院第二十次院士大会、中国工程院第十五次院士大会和中国科协第十次全国代表大会隆重开幕了。这是我们在"两个一百年"奋斗目标的历史交汇点、开启全面建设社会主义现代化国家新征程的重要时刻，共商推进我国科技创新发展大计的一次盛会。

首先，我代表党中央，向大会的召开，表示热烈的祝贺！向在各个岗位辛勤奉献的科技工作者，致以诚挚的慰问！5月30日是第五个全国科技工作者日，我向全国广大科技工作者，致以节日的问候！

今年是中国共产党成立一百周年。在革命、建设、改革各个历史时期，我们党都高度重视科技事业。从革命时期高度重视知识分子工作，到新中国成立后吹响"向科学进军"的号角，到改革开放提出"科学技术是第一生产力"的论断；从进入新世纪深入实施知识创新工程、科教兴国战略、人才强国战略，不断完善国家创新体系、建设创新型国家，到党的十八大后提出创新是第一动力、全面实施创新驱动发展战略、建设世界科技强国，科技事业在党和人民事业中始终具有十分重要的战略地位、发挥了十分重要的战略作用。

党的十九大以来，党中央全面分析国际科技创新竞争态势，深入研判国内外发展形势，针对我国科技事业面临的突出问题和挑战，坚持把科技创新摆在国家发展全局的核心位置，全面谋划科技创新工作。我们坚持党

对科技事业的全面领导，观大势、谋全局、抓根本，形成高效的组织动员体系和统筹协调的科技资源配置模式。我们牢牢把握建设世界科技强国的战略目标，以只争朝夕的使命感、责任感、紧迫感，抢抓全球科技发展先机，在基础前沿领域奋勇争先。我们充分发挥科技创新的引领带动作用，努力在原始创新上取得新突破，在重要科技领域实现跨越发展，推动关键核心技术自主可控，加强创新链产业链融合。我们全面部署科技创新体制改革，出台一系列重大改革举措，提升国家创新体系整体效能。我们着力实施人才强国战略，营造良好人才创新生态环境，聚天下英才而用之，充分激发广大科技人员积极性、主动性、创造性。我们扩大科技领域开放合作，主动融入全球科技创新网络，积极参与解决人类面临的重大挑战，努力推动科技创新成果惠及更多国家和人民。

2016 年我们召开了全国科技创新大会、两院院士大会和中国科协第九次全国代表大会，2018 年我们召开了两院院士大会。几年来，在党中央坚强领导下，在全国科技界和社会各界共同努力下，我国科技实力正在从量的积累迈向质的飞跃、从点的突破迈向系统能力提升，科技创新取得新的历史性成就。

基础研究和原始创新取得重要进展。基础研究整体实力显著加强，化学、材料、物理、工程等学科整体水平明显提升。在量子信息、干细胞、脑科学等前沿方向上取得一批重大原创成果。成功组织了一批重大基础研究任务，"嫦娥五号"实现地外天体采样返回，"天问一号"开启火星探测，"怀柔一号"引力波暴高能电磁对应体全天监测器卫星成功发射，"慧眼号"直接测量到迄今宇宙最强磁场，500 米口径球面射电望远镜首次发现毫秒脉冲星，新一代"人造太阳"首次放电，"雪龙 2 号"首航南极，76 个光子的量子计算原型机"九章"、62 比特可编程超导量子计算原型机"祖冲之号"成功问世。散裂中子源等一批具有国际一流水平的重大科技基础设施通过验收。

战略高技术领域取得新跨越。在深海、深空、深地、深蓝等领域积极抢占科技制高点。"海斗一号"完成万米海试,"奋斗者号"成功坐底,北斗卫星导航系统全面开通,中国空间站天和核心舱成功发射,"长征五号"遥三运载火箭成功发射,世界最强流深地核天体物理加速器成功出束,"神威·太湖之光"超级计算机首次实现千万核心并行第一性原理计算模拟,"墨子号"实现无中继千公里级量子密钥分发。"天鲲号"首次试航成功。"国和一号"和"华龙一号"三代核电技术取得新突破。

高端产业取得新突破。C919大飞机准备运营,时速600公里①高速磁浮试验样车成功试跑,最大直径盾构机顺利始发。北京大兴国际机场正式投运,港珠澳大桥开通营运。智能制造取得长足进步,人工智能、数字经济蓬勃发展,图像识别、语音识别走在全球前列,5G移动通信技术率先实现规模化应用。新能源汽车加快发展。消费级无人机占据一半以上的全球市场。甲醇制烯烃技术持续创新带动了我国煤制烯烃产业快速发展。

科技在新冠肺炎疫情防控中发挥了重要作用。科技界为党和政府科学应对疫情提供了科技和决策支撑。成功分离出世界上首个新型冠状病毒毒株,完成病毒基因组测序,开发一批临床救治药物、检测设备和试剂,研发应用多款疫苗,科技在控制传染、病毒溯源、疾病救治、疫苗和药物研发、复工复产等方面提供了有力支撑,打了一场成功的科技抗疫战。

民生科技领域取得显著成效。医用重离子加速器、磁共振、彩超、CT等高端医疗装备国产化替代取得重大进展。运用科技手段构建精准扶贫新模式,为贫困地区培育科技产业、培养科技人才,科技在打赢脱贫攻坚战中发挥了重要作用。煤炭清洁高效燃烧、钢铁多污染物超低排放控制等多项关键技术推广应用,促进了空气质量改善。

——国防科技创新取得重大成就。国防科技有力支撑重大武器装备研制发展,首艘国产航母下水,第五代战机"歼20"正式服役。"东风—17"

---

① 公里:长度单位,1公里 =1千米。

弹道导弹研制成功，我国在高超音速武器方面走在前列。

实践证明，我国自主创新事业是大有可为的！我国广大科技工作者是大有作为的！我国广大科技工作者要以与时俱进的精神、革故鼎新的勇气、坚忍不拔的定力，面向世界科技前沿、面向经济主战场、面向国家重大需求、面向人民生命健康，把握大势、抢占先机，直面问题、迎难而上，肩负起时代赋予的重任，努力实现高水平科技自立自强！

各位院士，同志们、朋友们！

当今世界百年未有之大变局加速演进，国际环境错综复杂，世界经济陷入低迷期，全球产业链供应链面临重塑，不稳定性不确定性明显增加。新冠肺炎疫情影响广泛深远，逆全球化、单边主义、保护主义思潮暗流涌动。科技创新成为国际战略博弈的主要战场，围绕科技制高点的竞争空前激烈。我们必须保持强烈的忧患意识，做好充分的思想准备和工作准备。

当前，新一轮科技革命和产业变革突飞猛进，科学研究范式正在发生深刻变革，学科交叉融合不断发展，科学技术和经济社会发展加速渗透融合。科技创新广度显著加大，宏观世界大至天体运行、星系演化、宇宙起源，微观世界小至基因编辑、粒子结构、量子调控，都是当今世界科技发展的最前沿。科技创新深度显著加深，深空探测成为科技竞争的制高点，深海、深地探测为人类认识自然不断拓展新的视野。科技创新速度显著加快，以信息技术、人工智能为代表的新兴科技快速发展，大大拓展了时间、空间和人们认知范围，人类正在进入一个"人机物"三元融合的万物智能互联时代。生物科学基础研究和应用研究快速发展。科技创新精度显著加强，对生物大分子和基因的研究进入精准调控阶段，从认识生命、改造生命走向合成生命、设计生命，在给人类带来福祉的同时，也带来生命伦理的挑战。

经过多年努力，我国科技整体水平大幅提升，我们完全有基础、有底气、有信心、有能力抓住新一轮科技革命和产业变革的机遇，乘势而上，大展宏图。同时，也要看到，我国原始创新能力还不强，创新体系整体效能还不高，科技创新资源整合还不够，科技创新力量布局有待优化，科技投入产出效益较低，科技人才队伍结构有待优化，科技评价体系还不适应科技发展要求，科技生态需要进一步完善。这些问题，很多是长期存在的难点，需要继续下大气力加以解决。

党的十九大确立了到 2035 年跻身创新型国家前列的战略目标，党的十九届五中全会提出了坚持创新在我国现代化建设全局中的核心地位，把科技自立自强作为国家发展的战略支撑。立足新发展阶段、贯彻新发展理念、构建新发展格局、推动高质量发展，必须深入实施科教兴国战略、人才强国战略、创新驱动发展战略，完善国家创新体系，加快建设科技强国，实现高水平科技自立自强。

第一，加强原创性、引领性科技攻关，坚决打赢关键核心技术攻坚战。科技立则民族立，科技强则国家强。加强基础研究是科技自立自强的必然要求，是我们从未知到已知、从不确定性到确定性的必然选择。要加快制定基础研究十年行动方案。基础研究要勇于探索、突出原创，推进对宇宙演化、意识本质、物质结构、生命起源等的探索和发现，拓展认识自然的边界，开辟新的认知疆域。基础研究更要应用牵引、突破瓶颈，从经济社会发展和国家安全面临的实际问题中凝练科学问题，弄通"卡脖子"技术的基础理论和技术原理。要加大基础研究财政投入力度、优化支出结构，对企业基础研究投入实行税收优惠，鼓励社会以捐赠和建立基金等方式多渠道投入，形成持续稳定的投入机制。

科技攻关要坚持问题导向，奔着最紧急、最紧迫的问题去。要从国家急迫需要和长远需求出发，在石油天然气、基础原材料、高端芯片、工业软件、农作物种子、科学试验用仪器设备、化学制剂等方面关键核心技术上全力攻坚，加快突破一批药品、医疗器械、医用设备、疫苗等领域关键核心技术。要在事关发展全局和国家安全的基础核心领域，瞄准人工智能、量子信息、集成电路、先进制造、生命健康、脑科学、生物育种、空天科技、深地深海等前沿领域，前瞻部署一批战略性、储备性技术研发项目，瞄准未来科技和产业发展的制高点。要优化财政科技投入，重点投向战略性、关键性领域。

创新链产业链融合，关键是要确立企业创新主体地位。要增强企业创新动力，正向激励企业创新，反向倒逼企业创新。要发挥企业出题者作用，推进重点项目协同和研发活动一体化，加快构建龙头企业牵头、高校院所支撑、各创新主体相互协同的创新联合体，发展高效强大的共性技术供给体系，提高科技成果转移转化成效。

现代工程和技术科学是科学原理和产业发展、工程研制之间不可缺少的桥梁，在现代科学技术体系中发挥着关键作用。要大力加强多学科融合的现代工程和技术科学研究，带动基础科学和工程技术发展，形成完整的现代科学技术体系。

第二，强化国家战略科技力量，提升国家创新体系整体效能。世界科技强国竞争，比拼的是国家战略科技力量。国家实验室、国家科研机构、高水平研究型大学、科技领军企业都是国家战略科技力量的重要组成部分，要自觉履行高水平科技自立自强的使命担当。

国家实验室要按照"四个面向"的要求，紧跟世界科技发展大势，适应我国发展对科技发展提出的使命任务，多出战略性、关键性重大科技成果，并同国家重点实验室结合，形成中国特色国家实验室体系。

国家科研机构要以国家战略需求为导向，着力解决影响制约国家发展全局和长远利益的重大科技问题，加快建设原始创新策源地，加快突破关键核心技术。

高水平研究型大学要把发展科技第一生产力、培养人才第一资源、增强创新第一动力更好结合起来，发挥基础研究深厚、学科交叉融合的优势，成为基础研究的主力军和重大科技突破的生力军。要强化研究型大学建设同国家战略目标、战略任务的对接，加强基础前沿探索和关键技术突破，努力构建中国特色、中国风格、中国气派的学科体系、学术体系、话语体系，为培养更多杰出人才作出贡献。

科技领军企业要发挥市场需求、集成创新、组织平台的优势，打通从科技强到企业强、产业强、经济强的通道。要以企业牵头，整合集聚创新资源，形成跨领域、大协作、高强度的创新基地，开展产业共性关键技术研发、科技成果转化及产业化、科技资源共享服务，推动重点领域项目、基地、人才、资金一体化配置，提升我国产业基础能力和产业链现代化水平。

各地区要立足自身优势，结合产业发展需求，科学合理布局科技创新。要支持有条件的地方建设综合性国家科学中心或区域科技创新中心，使之成为世界科学前沿领域和新兴产业技术创新、全球科技创新要素的汇聚地。

第三，推进科技体制改革，形成支持全面创新的基础制度。要健全社会主义市场经济条件下新型举国体制，充分发挥国家作为重大科技创新组织者的作用，支持周期长、风险大、难度高、前景好的战略性科学计划和科学工程，抓系统布局、系统组织、跨界集成，把政府、市场、社会等各方面力量拧成一股绳，形成未来的整体优势。要推动有效市场和有为政府更好结合，充分发挥市场在资源配置中的决定性作用，通过市场需求引导创新资源有效配置，形成推进科技创新的强大合力。

要重点抓好完善评价制度等基础改革，坚持质量、绩效、贡献为核心的评价导向，全面准确反映成果创新水平、转化应用绩效和对经济社会发展的实际贡献。在项目评价上，要建立健全符合科研活动规律的评价制度，完善自由探索型和任务导向型科技项目分类评价制度，建立非共识科技项目的评价机制。在人才评价上，要"破四唯"和"立新标"并举，加快建立以创新价值、能力、贡献为导向的科技人才评价体系。要支持科研事业单位探索试行更灵活的薪酬制度，稳定并强化从事基础性、前沿性、公益性研究的科研人员队伍，为其安心科研提供保障。

科技管理改革不能只做"加法"，要善于做"减法"。要拿出更大的勇气推动科技管理职能转变，按照抓战略、抓改革、抓规划、抓服务的定位，转变作风，提升能力，减少分钱、分物、定项目等直接干预，强化规划政策引导，给予科研单位更多自主权，赋予科学家更大技术路线决定权和经费使用权，让科研单位和科研人员从繁琐、不必要的体制机制束缚中解放出来！

创新不问出身，英雄不论出处。要改革重大科技项目立项和组织管理方式，实行"揭榜挂帅""赛马"等制度。要研究真问题，形成真榜、实榜。要真研究问题，让那些想干事、能干事、干成事的科技领军人才挂帅出征，推行技术总师负责制、经费包干制、信用承诺制，做到不论资历、不设门槛，让有真才实学的科技人员英雄有用武之地！

第四，构建开放创新生态，参与全球科技治理。科学技术具有世界性、时代性，是人类共同的财富。要统筹发展和安全，以全球视野谋划和推动创新，积极融入全球创新网络，聚焦气候变化、人类健康等问题，加强同各国科研人员的联合研发。要主动设计和牵头发起国际大科学计划和大科学工程，设立面向全球的科学研究基金。

科技是发展的利器，也可能成为风险的源头。要前瞻研判科技发展带来的规则冲突、社会风险、伦理挑战，完善相关法律法规、伦理审查规则及监管框架。要深度参与全球科技治理，贡献中国智慧，塑造科技向善的文化理念，让科技更好增进人类福祉，让中国科技为推动构建人类命运共同体作出更大贡献！

第五，激发各类人才创新活力，建设全球人才高地。世界科技强国必须能够在全球范围内吸引人才、留住人才、用好人才。我国要实现高水平科技自立自强，归根结底要靠高水平创新人才。

培养创新型人才是国家、民族长远发展的大计。当今世界的竞争说到底是人才竞争、教育竞争。要更加重视人才自主培养，更加重视科学精神、创新能力、批判性思维的培养培育。要更加重视青年人才培养，努力造就一批具有世界影响力的顶尖科技人才，稳定支持一批创新团队，培养更多高素质技术技能人才、能工巧匠、大国工匠。我国教育是能够培养出大师来的，我们要有这个自信！要在全社会营造尊重劳动、尊重知识、尊重人才、尊重创造的环境，形成崇尚科学的风尚，让更多的青少年心怀科学梦想、树立创新志向。"栽下梧桐树，引来金凤凰。"要构筑集聚全球优秀人才的科研创新高地，完善高端人才、专业人才来华工作、科研、交流的政策。

科技创新离不开科技人员持久的时间投入。为了保证科研人员的时间，1961 年中央就曾提出"保证科技人员每周有 5 天时间搞科研工作"。保障时间就是保护创新能力！要建立让科研人员把主要精力放在科研上的保障机制，让科技人员把主要精力投入科技创新和研发活动。各类应景性、应酬性活动少一点科技人员参加，不会带来什么损失！决不能让科技人员把大量时间花在一些无谓的迎来送往活动上，花在不必要的评审评价活动上，花在形式主义、官僚主义的种种活动上！

各位院士，同志们、朋友们！

中国科学院、中国工程院是国家科学技术界和工程科技界的最高学术机构，是国家战略科技力量。要发挥两院作为国家队的学术引领作用、关键核心技术攻关作用、创新人才培养作用，解决重大原创的科学问题，勇闯创新"无人区"，突破制约发展的关键核心技术，发现、培养、集聚一批高素质人才和高水平创新团队。要强化两院的国家高端智库职能，发挥战略科学家作用，积极开展咨询评议，服务国家决策。

中国科协要肩负起党和政府联系科技工作者桥梁和纽带的职责，坚持为科技工作者服务、为创新驱动发展服务、为提高全民科学素质服务、为党和政府科学决策服务，更广泛地把广大科技工作者团结在党的周围，弘扬科学家精神，涵养优良学风。要坚持面向世界、面向未来，增进对国际科技界的开放、信任、合作，为全面建设社会主义现代化国家、推动构建人类命运共同体作出更大贡献。

院士是我国科学技术方面和工程科技领域的最高荣誉称号。两院院士是国家的财富、人民的骄傲、民族的光荣。党的十八届三中全会以来，我们改革院士制度，取得积极成效。党的十九届五中全会提出深化院士制度改革，让院士称号进一步回归荣誉性、学术性。在院士评选中要打破论资排辈，杜绝非学术性因素的影响，加强社会监督，维护院士称号的纯洁性。

这里，我给院士们提几点希望。

——希望广大院士做胸怀祖国、服务人民的表率。在中华民族伟大复兴的征程上，一代又一代科学家心系祖国和人民，不畏艰难，无私奉献，为科学技术进步、人民生活改善、中华民族发展作出了重大贡献。新时代更需要继承发扬以国家民族命运为己任的爱国主义精神，更需要继续发扬以爱国主义为底色的科学家精神。广大院士要不忘初心、牢记使命，响应党的号召，听从祖国召唤，保持深厚的家国情怀和强烈的社会责任感，为党、为祖国、为人民鞠躬尽瘁、不懈奋斗！

——希望广大院士做追求真理、勇攀高峰的表率。科学以探究真理、发现新知为使命。一切真正原创的知识，都需要冲破现有的知识体系。"善学者尽其理，善行者究其难。"广大院士要勇攀科学高峰，敢为人先，追求卓越，努力探索科学前沿，发现和解决新的科学问题，提出新的概念、理论、方法，开辟新的领域和方向，形成新的前沿学派。要攻坚克难、集智攻关，瞄准"卡脖子"的关键核心技术难题，带领团队作出重大突破。

——希望广大院士做坚守学术道德、严谨治学的表率。诚信是科学精神的必然要求。广大院士要做学术道德的楷模，坚守学术道德和科研伦理，践行学术规范，让学术道德和科学精神内化于心、外化于行，涵养风清气正的科研环境，培育严谨求是的科学文化。人的精力是有限的，院士们要更加专注于科研，尽量减少兼职，更加聚焦本专业领域。

——希望广大院士做甘为人梯、奖掖后学的表率。"江山代有才人出"，"自古英雄出少年"。广大院士要在创新人才培养中发挥识才、育才、用才的导师作用。"才者，材也，养之贵素，使之贵器。"要言传身教，发扬学术民主，甘做提携后学的铺路石和领路人，大力破除论资排辈、圈子文化，鼓励年轻人大胆创新、勇于创新，让青年才俊像泉水一样奔涌而出。

各级党委和政府要充分尊重人才，对院士要政治上关怀、工作上支持、生活上关心，认真听取包括院士在内的广大科研人员意见，加强对科研活动的科学管理和服务保障，为科研人员创造良好创新环境。

各位院士，同志们、朋友们！

全面建设社会主义现代化国家新征程已经开启，向第二个百年奋斗目标进军的号角已经吹响。让我们团结起来，勇于创新、顽强拼搏，为建成世界科技强国、实现中华民族伟大复兴不断作出新的更大贡献！

李克强在两院院士大会、中国科协第十次全国代表大会第二次全体会议上强调 充分发挥人力人才资源优势 依靠科技创新提高发展质量效益

5月28日下午，两院院士大会、中国科协第十次全国代表大会第二次全体会议在人民大会堂举行。中共中央政治局常委、国务院总理李克强发表重要讲话。

李克强说，今天上午，习近平总书记发表了重要讲话，系统总结了我国科技事业取得的新的历史性成就，对加快建设科技强国提出明确要求。要认真学习领会，抓好贯彻落实。

李克强指出，去年疫情发生以来，在以习近平同志为核心的党中央坚强领导下，各地区各部门认真贯彻落实党中央、国务院决策部署，扎实做好"六稳"工作、全面落实"六保"任务。我们直面市场主体创新和实施宏观政策，全国上下艰辛努力，我国经济在多重罕见冲击中展现出坚强韧性，实现稳定恢复。广大科技工作者克难攻坚，为疫情防控、新动能成长壮大和经济社会发展作出了重要贡献。

李克强说，当前我国经济继续稳中加固、稳中向好，但国内外环境复杂严峻，不确定性增加。要正视经济运行中存在的困难和挑战，立足我国仍是世界最大发展中国家的基本国情，着力办好自己的事。要以习近平新时代中国特色社会主义思想为指导，坚持稳中求进工作总基调，准确把握新发展阶段，深入贯彻新发展理念，加快构建新发展格局，立足当前，着眼长远，围绕激发市场主体活力、增强发展内生动力，持续深化改革，保

持宏观政策必要支持力度，注重用市场化办法解决大宗商品价格上涨等经济运行中的突出问题，大力推动科技创新，扩大内需与对外开放互促并进，在发展中保障和改善民生，保持经济运行在合理区间和就业稳定，推动高质量发展。

李克强指出，近年来，我国科技实力跃上新的大台阶，在关键领域取得一批重大科技成果。新形势下，要充分发挥我国人力人才资源丰富的优势，增强科技创新对经济社会发展的引领带动作用。强化基础研究，筑牢科技创新的基石。注重战略引领，推动关键领域取得更多创新突破。激发企业创新活力，落实好提高制造业企业研发费用加计扣除比例等政策，促进产业升级。推进科技体制改革，为科研人员减负松绑，营造良好环境。弘扬科学精神，加强知识产权保护，激励科研人员特别是青年人才矢志攻关。加强国际科技合作，在开放中提升自主创新能力。

李克强说，两院院士是我国科技工作者的杰出代表，希望大家继续为我国科技进步、人才培养、经济社会发展作出贡献。中国科协要广泛团结科技工作者服务党和国家工作大局，全面提升公众科学文化素质。各级政府要继续关心和支持广大科研人员，努力为他们创造更好的工作与生活条件。

刘鹤、曹建明、陈竺、丁仲礼、武维华、肖捷、张庆黎、万钢和桑国卫、宋健、王志珍、韩启德出席会议。

中央党政军群有关部门主要负责同志，两院院士，中国科协十大会议代表等参加会议。

王沪宁：科技工作者要当好
科技自立自强的排头兵
——在中国科协第十次全国代表大会上的致词

各位代表，同志们：

中国科协第十次全国代表大会，是在"十四五"开局之年、我们党成立一百周年之际召开的，是科协系统和科技界的一次盛会。我受党中央和习近平总书记委托，对大会的召开表示热烈的祝贺！向全国各条战线广大科技工作者致以崇高的敬意！

昨天上午，习近平总书记亲自出席两院院士大会、中国科协第十次全国代表大会并发表重要讲话。讲话站在时代发展前沿，统筹中华民族伟大复兴战略全局和世界百年未有之大变局，科学分析当今世界科技革命和产业变革发展大势，深入总结党领导下我国科技发展的百年历程和辉煌成就，深刻阐明了新发展阶段实现我国科技自立自强的一系列重大问题。讲话视野宏阔、内涵丰富、思想深刻，具有很强的政治性、思想性、战略性、指导性，为加快发展我国科技事业、建设世界科技强国指明了方向、提供了根本遵循，我们要深入学习领会、抓好贯彻落实。

党的十八大以来，以习近平同志为核心的党中央高度重视科技工作、重视发挥科技工作者作用，把科技创新摆在国家发展全局的核心位置，作出战略谋划和系统部署。习近平总书记高瞻远瞩、审时度势，围绕加快推进科技创新、建设世界科技强国提出一系列新思想、新观点、新论断、新要求。广大科技工作者认真学习贯彻习近平总书记重要论述，矢志奋斗拼搏，聚力科技攻关，勇于创新创造，推动我国科技事业取得历史性成就。

一大批重大创新成果竞相涌现，一些前沿领域开始进入并跑、领跑阶段，科技实力正在从量的积累迈向质的飞跃、从点的突破迈向系统能力提升，对促进经济社会发展、提高国家综合实力、满足人民日益增长的美好生活需要的支撑作用显著增强。特别是在抗击新冠肺炎疫情和打赢脱贫攻坚战中，广大科技工作者迎难而上、攻坚克难，作出了重大贡献。

中国科协九大以来，中国科协和各级科协组织认真履职尽责，在加强科技工作者思想政治引领、做好联系服务工作、推动创新驱动发展、提高全民科学素质、服务党和政府科学决策等方面做了大量富有成效的工作，在加强党的领导和党的建设、深化科协组织改革、改进工作作风等方面不断取得新的进展，科协组织和科协工作的政治性、先进性、群众性显著增强，有力服务了党和国家工作大局。

习近平总书记指出，科学技术从来没有像今天这样深刻影响着国家前途命运，从来没有像今天这样深刻影响着人民生活福祉，强调中国要强盛、要复兴，就一定要大力发展科学技术，努力成为世界主要科学中心和创新高地。进入新发展阶段，实现"十四五"时期经济社会发展目标，开启全面建设社会主义现代化国家新征程，对加快科技创新提出了更为迫切的要求。广大科技工作者要把思想和行动统一到习近平总书记重要讲话精神上来，把智慧和力量凝聚到落实党中央关于科技自立自强的决策部署上来，努力在新征程上勇立新功。

——希望广大科技工作者坚定理想信念，自觉践行科技报国之志。习近平总书记指出，广大科技人员特别是青年科技人员，要始终把国家和人民放在心上，增强责任感和使命感，勇于创新，报效祖国，把人生理想融入为实现中华民族伟大复兴中国梦的奋斗中。广大科技工作者要深入学习领会习近平新时代中国特色社会主义思想，深入学习领会习近平总书记关于科技创新的重要论述，进一步感悟思想伟力，坚定中国特色社会主义道路自信、理论自信、制度自信、文化自信，增强在党的领导下建设世界科技强国的信心和决心。要始终心怀"国之大者",自觉从党和国家工作大局着眼,维护国家和民族根本利益,把论文写在祖国大地上。要认真学习党史、新中国史、改革开放史、社会主义发展史,从党的百年奋斗历程中汲取奋进力量,坚定不移听党话、跟党走,不断砥砺科技报国的初心和使命。

——希望广大科技工作者坚持"四个面向",为开局"十四五"、开启新征程贡献科技力量。习近平总书记指出,我国经济社会发展和民生改善比过去任何时候都更加需要科学技术解决方案,都更加需要增强创新这个第一动力,强调构建新发展格局最本质的特征是实现高水平的自立自强,必须全面加强对科技创新的部署;强调实践证明,我国自主创新事业是大有可为的!我国广大科技工作者是大有作为的!广大科技工作者要肩负起时代赋予的重任,坚持面向世界科技前沿、面向经济主战场、面向国家重大需求、面向人民生命健康,聚焦立足新发展阶段、贯彻新发展理念、构建新发展格局,聚焦党和国家重大发展战略和部署,更好确定科技创新的目标任务和主攻方向,更好推动科技创新与经济社会发展深度融合。要贯彻以人民为中心的发展思想,把惠民、利民、富民、改善民生作为科技创新的重要方向,加强高质量科技供给特别是公共科技供给,让更多科技创新成果造福人民、造福社会。

——希望广大科技工作者增强创新自信,全力打好关键核心技术攻坚战。习近平总书记强调,自主创新是我们攀登世界科技高峰的必由之路,要从国家急迫需要和长远需求出发,努力实现关键核心技术自主可控,把创新主动权、发展主动权牢牢掌握在自己手中。广大科技工作者要树立敢为天下先的雄心壮志,直面问题,迎难而上,敢于探索科学"无人区",勇于挑战最前沿的科学问题,力争在重要科技领域成为领跑者、在新兴前沿交叉领域成为开拓者,抢占世界科技发展的制高点。要把提升原始创新能力摆在突出位置,持之以恒加强基础研究,推出更多国际领先的原创性成果，努力实现更多"从0到1"的突破。要以国家重大科学平台和项目为依托，加强原创性、引领性科技攻关，坚决打赢关键核心技术攻坚战，突出关键共性技术、前沿引领技术、现代工程技术、颠覆性技术创新，着力攻克一批"卡脖子"的关键核心技术，提高科技成果转移转化成效，创造出更多属于我们自己的"国之重器"，努力实现高水平科技自立自强。

——希望广大科技工作者弘扬科学家精神，推动形成有利于创新创造的良好风尚。习近平总书记强调，科学家精神是科技工作者在长期科学实践中积累的宝贵精神财富，要大力弘扬胸怀祖国、服务人民的爱国精神，追求真理、勇攀高峰的创新精神，坚守学术道德、严谨治学的求实精神，甘为人梯、奖掖后学的育人精神。广大科技工作者要按照习近平总书记的要求，继承和弘扬老一辈科学家的优良传统，自觉践行社会主义核心价值观，坚守国家使命和社会责任，把爱国之情、报国之志转化为创新创造的实际行动。要肩负起历史赋予的科技创新重任，始终保持对科技事业的热爱和专注，不慕虚荣、不计名利，不断追求"干惊天动地事，做隐姓埋名人"的高远境界。要弘扬优良学风，坚守科技伦理、学术道德、学术规范，提升道德自制力，营造良好学术生态。要言传身教、识才育才用才，甘做提携后学的铺路石和领路人。青年科技工作者要虚心学习、勇于探索，在继承前人的基础上不断实现新的突破和超越。

科协是科技工作者的群众组织，是党领导下的人民团体，是党和政府联系科技工作者的桥梁和纽带。要坚持不懈深化理论武装，在学懂弄通做实习近平新时代中国特色社会主义思想上下功夫，引导科技工作者和科协干部增强"四个意识"、坚定"四个自信"、做到"两个维护"，自觉在思想上政治上行动上同以习近平同志为核心的党中央保持高度一致，牢牢把握增强政治性、先进性、群众性要求，最广泛地把广大科技工作者团结凝聚在党的周围，为推动党和国家事业发展汇聚磅礴科技力量。要增强服务大局的意识和能力，认真落实中国科协事业发展"十四五"规划，聚力重大科技项目攻关，加强科技普及推广，促进国际科技交流合作。要健全联系广泛、服务科技工作者的科协工作体系，加强对科技领军人才、青年科技骨干、海外科技人才和广大基层科技工作者的服务，积极为他们办实事解难事，使科协组织真正成为有温度、可信赖的科技工作者之家。要深化科协组织改革，加快建设世界一流科技期刊。要全面加强党的领导和党的建设，贯彻落实全面从严治党部署要求，以党的政治建设为统领抓好党的建设各项工作，建设高素质专业化科协干部队伍，把科协组织建设得更加充满活力、更加坚强有力。

各级党委和政府要认真贯彻党中央关于科技创新的决策部署，落实好创新驱动发展战略，对科技工作者政治上关怀、工作上支持、生活上关心，为他们投身创新创造提供有力保障。要把科协工作摆上重要位置，帮助解决科协组织改革发展中的困难和问题，支持科协组织开展工作。

各位代表，同志们！

实现科技自立自强、建设世界科技强国，广大科技工作者责任重大、使命光荣。让我们更加紧密地团结在以习近平同志为核心的党中央周围，坚持走中国特色自主创新道路，锐意开拓进取、勇于攻坚克难，为夺取全面建设社会主义现代化国家新胜利、实现中华民族伟大复兴的中国梦不懈奋斗！

预祝中国科协第十次全国代表大会圆满成功！

强化政治引领

保持和增强政治性先进性群众性的实践与思考

重庆市科学技术协会党组理论学习中心组

2015 年 7 月 6—7 日，中国共产党首次召开了中央党的群团工作会议，习近平总书记发表重要讲话，科学回答了一系列党的群团工作重大理论和实践问题，为新时代党的群团工作提供了根本遵循。5 年来，重庆市科学技术协会（以下简称重庆市科协）系统深入学习贯彻习近平总书记关于群团工作的重要论述，坚持解放思想、改革创新、锐意进取、扎实苦干，切实保持和增强自身的政治性、先进性、群众性，科协事业发展取得新突破、呈现新气象。

一、保持和增强政治性，坚定不移听党话、跟党走

习近平总书记指出，政治性是群团组织的灵魂，是第一位的。我们毫不动摇坚持党的领导，切实把党的意志和主张贯穿于科协工作全过程，转化为广大科技工作者和科协干部的自觉行动，使"四个意识""四个自信""两个维护"在科技界扎根铸魂。

（一）牢记历史，强化政治属性

学史以明智，鉴往而知来。我们从科协发展历史中深刻体悟到"没有共产党，就没有科协"，牢固树立"科协是党的科协，科协干部是党的干部"的政治理念。1945 年 7 月，在中国共产党的倡导支持下，在重庆成

立了具有爱国统一战线性质的中国科学工作者协会。1949 年 7 月，中国科学工作者协会等 4 个科技社团共同发起召开了中华全国第一次自然科学工作者代表大会筹备会，选出 15 名正式代表和 2 名候补代表出席第一届中国人民政治协商会议。1950 年 8 月，经党中央批准，中华全国第一次自然科学工作者代表会议召开，成立中华全国自然科学专门学会联合会和中华全国科学技术普及协会；1958 年 9 月，两会合并为中华人民共和国科学技术协会；1980 年 3 月更名为中国科学技术协会。1981 年 6 月，党的十一届六中全会通过了《关于建国以来党的若干历史问题的决议》，确定科协作为人民团体在国家政治、社会生活中的地位，科协从此成为党领导下团结动员广大科技工作者为完成党的中心任务而奋斗的人民团体。可以说，科协从创建成立到规范运行，从恢复活动到繁荣发展，都是中国共产党坚强领导的结果。

（二）提高站位，强化政治功能

在政治学习中保持政治定力，扎实开展"两学一做"学习教育和"不忘初心、牢记使命"主题教育，党组会第一议题固定为学习习近平新时代中国特色社会主义思想，建立的"周学朝汇"制度已坚持 44 周（期），全面及时跟进学习习近平总书记重要讲话和重要指示。在政治引领中发挥积极作用，创办"四史"讲堂，开展"讲信仰、讲信念、讲信心"宣讲和"礼赞新中国、追梦新时代"系列宣传教育活动，增强广大科技工作者和科协干部对党的基本理论、基本路线、基本方略的政治认同、思想认同和情感认同。在政治动员中凝聚政治共识，出台《学习贯彻党的十九大精神争做新时代创新先锋的决定》，制定全面贯彻习近平总书记视察重庆重要讲话精神 24 条举措，把科技界的思想统一到党的决策部署上来。

（三）健全机制，强化政治担当

充分发挥党组把方向、管大局、保落实的领导作用，组织修订《实施

〈中国科学技术协会章程〉细则》，完善科协代表、委员和常委管理服务制度，使科协党组与科协全委会同频共振。组织制订《主管学会（团体会员学会）组织通则》，把坚持党的全面领导的要求载入《科技社团章程》。建立党组牵总、机关党委和科技社团党委分线作战的"一体两翼"党建工作格局，组建理、工、农、医、交叉学科 5 个党建强会示范联合体和党建督导团，积极探索科技社团党建"破题"，全面从严治党主体责任在科协系统得到有效落实。

5 年的实践证明，政治性是植入科协组织骨髓的天然属性和根本属性，是灵魂所在和价值所在。科协必须坚守政治性，坚定不移走中国特色社会主义群团发展道路，既确保科协干部讲政治，又引导科技工作者讲政治，以党的旗帜为旗帜、以党的方向为方向、以党的意志为意志，使党在科技界的执政根基更加牢固。

二、保持和增强先进性，团结动员科技工作者建功新时代

习近平总书记强调，先进性是群团工作的力量之源。我们始终坚持以习近平新时代中国特色社会主义思想为指导，牢牢把握为实现中华民族伟大复兴的中国梦而奋斗的时代主题，把围绕中心、服务大局作为工作主线，团结带领科技工作者在改革发展稳定第一线建功立业。

（一）以先进思路会聚科技工作者

注重上下联动，促成中国科学技术协会与重庆市政府签订全面战略合作协议，争取国家海外人才离岸创新创业基地落地两江新区，建成"一带一路"与长江经济带协同创新研究中心。注重横向联手，联手开展科技志愿服务，推动区县科技馆建设和基层科普行动计划，实施助力建功科学城建设 12 条具体举措。

注重内外联合，与四川省科学技术协会签订全面战略合作框架协议，与山东省科学技术协会开展"东西协作"扶贫，与中国电子学会联合组织"数字经济百人会"。

（二）以先进手段组织科技工作者

做优平台品牌。建好院士工作站和海智工作站，创建全市科技工作者"众创之家"，精心打造重庆科技服务云平台（易智网）。

做靓活动品牌。牵头筹办 2019 重庆英才大会，参与承办智博会，促使中国云计算和物联网大会永久落户重庆，持续举办重庆市科协年会，支持市级学会开展高水平学术交流活动。

做实工作品牌。实施科技助力精准扶贫工程和"村会合作"助力乡村振兴项目；科普工作形成"一书一赛一评"机制，全市公民具备科学素质比例提升到 9.02%，位居西部地区前茅；开展科技经济融合发展试点工作，促进企业家"所需"和科学家"所能"精准对接。

（三）以先进榜样激励科技工作者

承办科学大师名校宣传工程汇演、"我和我的祖国——中国科学家精神主题展"全国巡展、重庆优秀科学家风采展，持续开展科学道德和学风建设宣讲教育，用新时代科学家精神照亮科技工作者创新、创业、创造之路。争取设立重庆市创新争先奖并开展首届表彰，坚持开展青少年科技创新市长奖、十佳科技青年奖等评选活动，举荐 7 人荣获全国创新争先奖，在中国青年女科学家奖评选中实现"零"的突破。组织创新争先事迹报告会和海归人才"创新行千里、创业致广大"报告会，在全市兴起创新争先行动热潮。

5 年的实践证明，先进性是科协履行职责使命的内在要求，是科协组织服务发展的时代召唤。科协必须把握先进性这一方向，推动职能、职责与时俱进，既聚焦科技工作者搞好"自转"，又围绕党和政府工作大局搞好"公转",组织动员广大科技工作者坚定创新自信、勇于攀登科技高峰、乐于开展科学普及,为建设世界科技强国作出新的更大贡献。

三、保持和增强群众性,努力把科协建成"科技工作者之家"

习近平总书记指出,群众性是群团组织的根本特点。科协坚持以人民为中心的发展理念,树立大抓基层的鲜明导向,着力构建联系广泛、服务科技工作者的科协工作体系,积极营造"家"的温馨、体现"家"的价值,通过为科技工作者服务实现"为人民服务"的宗旨。

(一)通过扩大组织有效覆盖面来彰显群众性

把企事业科协作为科技工作者的"工作点"来抓,全市企事业科协数量达到812个。把科技社团作为科技工作者的"专业线"来抓,重庆市科协主管、指导的市级学会数为158个,覆盖自然科学各个专业领域。把区县科协、镇街科协、园区科协作为科技工作者的"生活面"来抓,指导区县科协建设乡镇科协、街道科协1017个、基层农技协1087个。把深化"三长制"改革作为提升科协组织力的重要举措,联合重庆市委组织部、重庆市教育委员会、重庆市农业农村委员会、重庆市卫生健康委员会出台相关文件,吸纳2600名医院(卫生院)院长、学校校长、农技站站长(农业服务中心主任)进入基层科协兼任副主席,通过"三长"带"三师",把基层一线科技工作者有机串联起来,发挥其独特作用。

(二)通过密切联系科技工作者来彰显群众性

目前,重庆市科协委员中来自企业、高校、科研院所、农村等一线科技工作者比例提高至70%、常委会委员比例提高至75%。着力培养高素质专业化科协干部队伍，加强科协干部与基层科技工作者的联系，开展兴调研、转作风、促落实行动和领导班子"蹲一地带一片"调研。打造"智慧科协"样板间，完善网络联系服务机制，拓展服务科技工作者的便捷渠道。

（三）通过竭诚服务科技工作者来彰显群众性

坚持靠科技工作者建"家"、为科技工作者建"家"，用心、用情、用力服务科技工作者。成立重庆市院士工作服务中心，实施院士带培计划，4人当选两院院士。实施重庆英才计划，做好科技英才的配套服务工作，联合主办"重庆英才讲堂"。创新成立重庆女科技工作者协会，扩大老科技工作者协会覆盖面。精心组织全国科技工作者日系列活动，深入挖掘宣传科技工作者的感人事迹，常态化做好走访慰问工作，增强科技工作者的获得感和归属感。

5年的实践证明，科协根植于科技工作者，保持和增强群众性是科协的生存所依、发展所系。科协必须筑牢群众性这个根基，坚持以科技工作者为中心，把联系和服务科技工作者作为工作生命线，精心做好科技工作者的自律维权工作，多为科技工作者排忧解难，真正起到党和政府联系科技界的桥梁和纽带作用。

回顾过去，重庆市科协通过强"三性"推动了开放型、枢纽型、平台型"三型"科协组织建设，重构了智库、学术、科普"三轮"工作格局，收获了一批实践成果、理论成果、制度成果，深刻认识到强"三性"是科协工作的根本标尺和长期任务。面向未来，重庆市科协会更加紧密团结在以习近平同志为核心的党中央周围，在重庆市委的坚强领导和中国科学技术协会的有力指导下，深入学习贯彻习近平总书记关于群团工作特别是科协工作的重要论述，坚持目标导向、问题导向、结果导向，进一步在建机制、强功能、增实效上狠下功夫，努力让科协工作既有"声势"也接"地气"，既有"声音"也有"足印"，为把习近平总书记殷殷嘱托全面落实在重庆大地上、谱写好实现中华民族伟大复兴的中国梦的重庆篇章，汇聚起强大的科技力量。

将思想政治引领贯穿于科协工作全过程

重庆市科学技术协会　王合清

群团组织应当加强思想政治引领，自觉承担起引导群众听党话、跟党走的政治任务，把各自联系的群众最广泛、最紧密地团结在党的周围，为夯实党执政的阶级基础和群众基础作出贡献。近几年，重庆市科协将加强思想政治引领作为方向性、全局性、先导性的头等大事，坚持举旗帜、聚人心、强信心、筑同心，并取得了一系列改革实践成果、制度建设成果、理论创新成果。

有理有力。重庆市科协深学笃用习近平新时代中国特色社会主义思想，坚持把学习贯彻习近平总书记重要讲话、重要指示精神固定为党组会第一议题，努力做到学习领会上跟进、思想认识上跟进、能力本领上跟进、工作举措上跟进。加强思想政治引领，围绕实现中华民族伟大复兴的中国梦，引导科技工作者增强"四个意识"、坚定"四个自信"、做到"两个维护"，在理想信念、价值理念、道德观念上紧紧地团结在一起，自觉为建设世界科技强国、实现中国特色社会主义共同理想而奋斗。注重夯实思想政治引领工作底盘，针对科技工作者有思想，有主见，价值观念多元、多样、多变的特点，完善体制机制，建立党组牵总、机关党委和科技社团党委分线作战的思想政治引领工作格局，创办重庆市科协机关报《重庆科技报》，成立重庆市科协党校，升级重庆科协网，由此奠定了开展思想政治引领的坚实基础。

有形有神。思想政治工作绝不是单纯一条线的工作，而应该是全方位、无处不在、无时不在的。把思想政治引领作为灵魂渗透在科协有形工作之中，为科技工作者服务突出政治性，为创新驱动发展服务突出先进性，为提高全民科学素质服务突出人民性，为党和政府科学决策服务突出有效性，为构建人类命运共同体突出开放性，形成无处不在、无时不在的"全天候"引领。一是以对标对表的行动引领科技工作者。先后出台了《学习贯彻党的十九大精神争做新时代创新先锋的决定》《关于团结引领全市科技工作者为打好"三大攻坚战"和实施"八项行动计划"助力建功的意见》《关于广泛开展碳达峰、碳中和科普宣传的意见》等，团结引领广大科技工作者担当新使命、建功新时代。二是以积极向上的活动引领科技工作者。组织"全国科技工作者日"系列活动、创新争先先进事迹报告会、"创新行千里、创业致广大"报告会、重庆英才讲坛等，通过现身说法激励科技工作者自强奋进、追梦奔跑。三是以急难险重的工作引领科技工作者。在疫情防控中，科协组织当好组织发动者、逆行相伴者，让火线上的科技工作者没有后顾之忧，组织超过 80 万名科技工作者投入疫情防控，彰显了科技工作者的时代价值，涌现出许多模范人物和暖心故事。

有虚有实。思想政治工作是务虚和务实的统一体，坚持虚实结合、虚功实做，晓之以理、动之以情、导之以行，让思想政治引领看得见、摸得着。一是晓之以理有深度。每年围绕一个主题开展面向基层大宣讲，先后开展党的十九大精神宣讲、"讲信仰、讲信念、讲信心"宣讲、"四史"宣讲、"学史明理"宣讲，运用科技工作者喜爱并接受的话语体系和表达方式，扩大覆盖面，增强影响力，让大家知其然、知其所以然、知其所以必然。二是动之以情有温度。推动全市开展"为科技工作者办实事、助科技工作者作贡献"活动，推行科协机关干部"一线工作法"，用心与一线科技工作者交朋友、用情向一线创新先锋送服务、用力在一线科研单位抓联络、用功为一线科协组织办实事，让科技工作者深切感受党和政府的关心爱护，增强其获得感、幸福感、安全感。三是导之以行有高度。通过以事感人、以人感人支撑起大道理，承办"共和国的脊梁"科学大师名校宣传工程汇演、中国科学家精神主题展、科学道德和学风建设宣讲，与重庆市委组织部、重庆市人力资源和社会保障局联合举办优秀科学家风采展，实施院士带培计划，开展重庆市创新争先奖、青少年科技创新市长奖、十佳科技青年奖评选活动等，选树"最美科技工作者""最美科普志愿者"，引导科技工作者见贤思齐、向上向善，把社会主义核心价值观和新时代科学家精神内化于心、外化于行。

有盐有味。好的思想政治工作应该像盐，但不能光吃盐，最好的方式是将盐溶解到各种食物中。我们坚持在继承中提高、在创新中发展，让思想政治引领既营养健康又新鲜美味，增强时代感和感染力。一是精准掌握"口味"。深入开展科技工作者状况调查，及时准确掌握科技工作者在就业情况、科研环境、生活状况、流动趋势、思想观念等方面的新问题，让思想政治引领有的放矢。二是精心调制"配方"。打好政治引领、德治引领、法治引领"组合拳"，通过微博、微信、手机报等阵地推出一批新闻宣传和文艺宣传精品。如针对部分科技工作者懂科技不懂法律的情况，联合西南政法大学组织编写《科技工作者法治简明读本》，探索构建科技工作者法律服务机制。三是因人提供"菜品"。不搞"一锅煮"、不炒"一盘菜"，把大水漫灌和精准滴灌有机结合起来。如针对老科技工作者实施老科学家学术成长资料采集工程、举办人文艺术展、开展老科学家科普进校园活动，让他们老有所乐、老有所为；针对青年科技工作者开展"党旗在科技界高高飘扬——百年科技英才颂建党百年辉煌"系列宣传活动，增强他们创新争先的荣誉感和使命感。

有规有矩。认真落实意识形态工作责任制，高举旗帜、巩固阵地、争取人心，对模糊认识加强引导，对错误言论坚决驳斥，有效阻止了各种错误思潮的侵袭。一是坚持严管严控。建立完善意识形态工作制度，对各类节庆、展会、论坛活动实行归口管理和备案审查，对所属媒体、报刊定期开展有害信息清理和网络安全重大风险排查，确保意识形态领域平稳向好。二是坚持破立并举。坚决肃清孙政才恶劣影响和薄熙来、王立军流毒，用科学的精神、科学的知识、科学的方法有理有据地开展揭露、批判工作；抓住中国科协陈刚案、重庆市科协肖猛案、涪陵区科协李林案等说纪、说法、说德、说责，引导科技工作者知敬畏、存戒惧、守底线。三是坚持失责必究。对触碰底线、逾越红线的行为"零容忍"，如重庆市科协直属单位1名中层干部网购境外违禁出版物，党组坚持"严"的主基调，责令其作出深刻检讨、免去行政职务。

一分耕耘，一分收获。坚持把思想政治引领工作作为传家宝、生命线，推动全市科技工作者把"四个意识""四个自信""两个维护"融入血脉、落实到行动，厚植科技界共同奋斗的思想基础和价值取向。重庆市科协成为重庆市委人才领导小组、重庆市精神文明建设委员会成员单位，被赋予加强科技工作者思想政治引领的光荣职责。积极参与主题宣讲活动，重庆市科协和部分区（县）科协党组书记多次被吸纳为市、区（县）党委宣讲团成员。在新时代文明实践中心开展的讲理论、讲政策、讲法律、讲科技、讲健康、讲典型的"六讲"志愿服务中，科协负责的"讲科技"有声有色。着力推出《全面从严加强科协系统党的建设》《抓好全面从严治党的五个发力点》《科协组织要在实施人才强国战略中发挥独特作用》等理论成果，产生良好反响。

（此文原载于《思想政治工作研究》2021年第5期，
作者系重庆市科协党组书记、常务副主席）

强化科技交互 提升政治引领
构建网上科技工作者之家

中国科协创新战略研究院 黄 辰

摘要：我国由科技大国向科技强国转变的历史进程中，科技工作者需求日渐多元化，互联网思维日益彰显价值，网上科技工作者之家建设对于发挥科技工作者主体作用、引导科技工作者服务我国经济社会发展具有紧迫的现实意义和深远的战略意义。本文就网上科技工作者之家的建设原则、功能定位和未来发展趋势进行了分析探讨，致力于打造既能联系服务广大科技工作者，又能促进科技工作者相互融合，还能充分挖掘科技工作者价值的互联网家园。

关键词：科技工作者；科技工作者之家；网上群团

一、背景意义

习近平总书记在党的十九大报告中强调："增强改革创新本领，保持锐意进取的精神风貌，善于结合实际创造性推动工作，善于运用互联网技术和信息化手段开展工作……增强群众工作本领，创新群众工作体制机制和方式方法，推动工会、共青团、妇联等群团组织增强政治性、先进性、群众性，发挥联系群众的桥梁纽带作用，组织动员广大人民群众坚定不移跟党走。"中央书记处对群团组织"四个着力"的要求指出："要在建设网上群团上着力。要重视和加强网上群团建设，确保群团组织网上有旗帜、有组织、有服务、有活动，让群众说话有人听、办事有人帮，遇到困难在网上也能感受到群团组织的温暖。"《中国科学技术协会章程》中提出：宣传党的路线方针政策，密切联系科技工作者，反映科技工作者的建议、意见和诉求，维护科技工作者的合法权益，建设有温度、可信赖的科技工作者之家。基层组织应大力发展个人会员，及时准确反映基层科技工作者的建议、意见和诉求，建好科技工作者之家、广交科技工作者之友。

新冠肺炎疫情持续蔓延，我国在后疫情时代经济下行压力陡增，社会风险与不确定性增加，国际供应链、产业链和人才全球化等面临严峻挑战，经济社会发展面临新的挑战。充分发挥科协人才、技术、智力资源优势，动员9100万名科技工作者助力中小企业复工复产，凝心聚力打赢疫情防控阻击战和经济保卫战，是科技界践行"科技为民"的重要命题。"科技工作者之家"作为联系服务广大科技工作者的重要载体，在实现团结、凝聚、引领广大科技工作者服务国民经济主战场、贡献科技界智慧力量方面创造了巨大价值。为贯彻落实习近平总书记关于积极打造网上网下相互促进、有机融合的群团工作新格局的重要指示精神，走好网上群众路线，在新冠肺炎疫情的"大考"下，摒弃因循守旧、着力打造"网上科技工作者之家"是新时代科协组织改革创新和战略发展的新使命。

二、历史沿革

自1991年5月23日江泽民同志在中国科协"四大"讲话中首次提出"要加强组织建设，充实基层力量，为基层科技工作者服务，努力将科协办成科技工作者之家"以来，党和国家领导人多次在重大会议讲话中提出，将建设科技工作者之家纳入科协组织发展的重点工作任务。1996年5月27日，江泽民同志在中国科协"五大"上强调："要进一步增强为科技工作者服务的意识，努力反映出来他们的呼声、要求和建议，维护他们的合法权益，把科协真正办成科技工作者之家。"党中央对科技工作者之家的要求中增加了发挥桥梁纽带作用的定位，科技工作者之家未来要实现党中央及时了解科技工作者在工作、学习、生活中遇到的实际困难的功能。2008 年 12 月 15 日，胡锦涛同志在纪念中国科协成立 50 周年大会上指出："新中国成立以来，特别是改革开放以来，我国科技工作者队伍不断发展壮大，就业和流动趋势日益多样化，结构和分布呈现出鲜明的时代特征，思想活动的独立性、选择性、多变性、差异性也越来越明显。这就对科协组织当好科技工作者之家、提供好服务提出了更高要求。科协组织要把为广大科技工作者提供优质高效服务作为根本任务，进一步解放思想，创新工作方式，拓宽工作领域，丰富工作内涵，既帮助科技工作者施展聪明才智、勇攀科技高峰，又引导和支持科技工作者深入企业农村一线开展技术咨询、技术诊断、科技培训等活动，推动科技成果向现实生产力转化。"对科技工作者之家建设提出的新要求，不仅要创新服务形式、提升服务质量，而且要引导和支持科技工作者成为推动生产力转化的重要力量。2016 年 5 月 30 日，习近平总书记在"科技三会"上提出"中国科协各级组织要坚持为科技工作者服务、为创新驱动发展服务、为提高全民科学素质服务、为党和政府科学决策服务的职责定位，推动开放型、枢纽型、平台型科协组织建设，接长手臂，扎根基层，团结引领广大科技工作者积极进军科技创新，组织开展创新争先行动，促进科技繁荣发展，促进科学普及和推广，真正成为党领导下团结联系广大科技工作者的人民团体，成为科技创新的重要力量"。习近平总书记为新时代科协组织发展和科技工作者之家建设指明了方向，科技工作者之家施展"家"的职能，科协组织才能成为科技工作者真正意义上的"家"。

三、现状分析

当前，无论是线上还是线下，科技工作者之家的建设还存在诸多问题，线下建设对接需求能力不足，线上与线下也尚未打通，"网上科技工作者之家"也只停留在概念层面。分析线上与线下"建家"现状，问题主要有以下几点。

（一）"建家"意识有待提高

部分省市县级科协及基层组织虽然已经充分意识到科技创新是推动经济社会发展的重要驱动力，但往往忽略了科技创新的主体是科技工作者，而只有不断增强"四服务"意识，才能充分调动科技工作者创新创造能力对经济社会发展产生积极影响。对建设"科技工作者之家"工作的重要性、必要性和紧迫性缺乏统一认识，其本质是缺乏服务意识。

（二）"建家"整体规划设计不足

"科技工作者之家"的建设是一个长期、系统的工程，各级科协组织要在"建家"工作中发挥核心作用，有针对性地制定明确的发展规划，同时各级科协组织要加强联络，既要各司其职又要整体联动。要加大为科技工作者服务的宣传力度，充分利用有限的人力、物力、信息等，克服"建家"工作中的盲目性、短期性、功利性问题。

（三）"建家"机制不能满足科技工作者多样化的需求

伴随着我国由科技大国向科技强国转变，科技工作者的需求日渐多样化。目前，"科技工作者之家"建设机制基本按照自上而下组织推动的纵向垂直模式开展，无论在发挥"三型"优势，还是洞察和满足科技工作者个性化需求方面，都有很大的改进空间，从而导致"科技工作者之家"缺乏吸引力和知晓度，科技工作者对科协组织缺乏身份认同，无法形成良性互动循环。

（四）"建家"亟须强化科协组织建设作为保障

各级科协和各级学会的"一体两翼"优势是推动科技工作者之家建设的重要资源积累和组织保障。科协和学会在组织机构建设上还未形成"一体化"合力，人员队伍、项目经费、业务活动、信息资源等交互共享不足，很大程度上影响着科技工作者之家的资源累积和开放共享。

（五）"建家"配套设施严重匮乏

大部分线下科技工作者之家建设没有配套人员、项目和经费，基础设施供给匮乏制约了"科技工作者之家"的建设和科技活动开展，导致线下科技工作者之家建设"名不副实"；基层科协组织网上科技工作者之家建设暂时还停留在概念层面，未纳入科协组织建设和事业发展的重点项目，网上科技工作者之家的顶层建设思路暂未系统形成，尚未组建专业技术团队，网上群团建设缺乏有效知识经验和落实手段。

（六）"建家"重点服务功能需要突破

科技工作者之家最重要的意义和价值在于服务，最重要的责任是维护科技工作者各项权益。当前，科技工作者之家主动洞察和识别科技工作者需求的能力有限，尚未建立快速采集和上报科技工作者需求的机制，资源功能和平台效用无法有针对性地满足科技工作者多元化需求，"建家"板块中缺少维权职能，没有从本质上与科技工作者形成利益共同体。造成科技工作者感受不到家的温暖、得不到家的保护。

（七）"建家"线上活动与线下活动尚未打通

网上群团建设是互联网时代群团工作的责任使命和发展定位，行政事务信息化、线下活动网络化、资源配置数字化是未来趋势，更是"建家"

原则。当前，网上科技工作者之家无法实现对线下资源、活动和人才的凝聚，简单的活动照搬也无法在科技工作者与社会发展之间形成新的链接，线上组织的重交互、重开放、重共享没有得到体现。未来需要通过网上科技工作者之家建设形成新的科技工作者导流，以维护科技工作者权益，为打通线下与线上的工作抓手，以服务带动线下与线上的资源互动。

四、目标原则

网上科技工作者之家建设要以团结、凝聚、引领广大科技工作者为政治目标，要以开放、枢纽、平台为功能目标，要以学术、智库、科普类资源为内容目标，要以信息化、协同化、国际化为视野目标，建设一个既能联系服务广大科技工作者，又能促进科技工作者相互融合，充分挖掘科技工作者价值潜能的互联网家园。

五、功能定位

以"集大成"式创新改革实现一体化平台建设的集成超越，着力完善资源性、功能性、交互性、服务性的功能定位，打造永不落幕、永不打烊、永远服务的网上科技工作者精神家园。

（一）学术科普智库资源整合

学术类资源包括国内国际重要学术论文，各类全球学术报告的阅读或下载，国内外重要学术期刊榜单列表及链接投稿通道，国内外重要学术会议、论坛、研讨会报名信息及会议论文集，国内外顶尖科研团队公开的课题报告、专报等，常用学术、办公软件资源；科普类资源依托"科普中国"相关模块进行资源共享，定期更新科普活动、科普类展览信息等；决策咨询类包括定期发布全国各地科技人才、科技成果转化、科技经济融合等相关政策，实时发布国家重大课题申报和科研基金申请信息，展现国家重大科技成果，研判全球科学发展趋势和技术导向，公开学术不端行为典型案例，展示优秀科技工作者先进事迹，传承弘扬新时代科学家精神。

（二）通过平台功能实现凝心聚力

网上科技工作者之家功能主要通过四方面实现对科技工作者的政治引领和政治吸纳，不断增强科技工作者的政治意识，不断提升科技工作者政治理论水平。一是加强对科技工作者的管理功能，包括不断丰富公文流转在线功能，进一步升级移动办公系统和 OA 系统，实现高效的内网公文流转、信息发布、视频会议、在线交流等操作；将移动办公系统和 OA 系统延伸扩展至各级科协、事业单位和全国学会；完善对学会各类会员的招募、注册、登记、培训、记录、退出、惩罚和激励功能建设。二是完善表彰奖励和人才举荐功能，迁移全国创新争先奖、杰出工程师奖、中国青年科技奖、中国青年女科学家奖、求是奖、最美科技工作者、青年人才托举工程、国家科技奖励候选项目推荐等，打造发布、申报、评审、表彰等全流程在线服务平台，并作为人才工作对外发布的唯一接口，推动广大科技工作者和各级科协组织踊跃参与，实现人才资源信息有效更新和不断扩容；推动各级科协组织广泛利用"科技工作者之家"开展表彰奖励和人才举荐工作。三是强化科技工作者培训（中国科协党校）功能，将高研班、青研班、各省（市）科协干部培训班、国情考察、院士专家暑期考察休假活动纳入培训功能。四是设定对基层"三长"、新时代文明实践中心、党群服务中心的评选、登记和管理功能，为科技为民服务提供网上组织保障。

（三）以互联网交互思维打造网上精神家园

网上科技工作者之家要突出交互和共享的互联网发展理念，发挥科协组织枢纽型特点，致力于成为科技工作者之间交流合作的网上精神家园。借鉴"网络论坛"开发经验，创设科技工作者电子公告板（BBS）类交流平台，增进科技工作者的思想交流和情感交流；通过科研资源共享平台，实现科技工作者学术交流和成果交流；通过定期开展科技工作者专项调查，及时了解他们的诉求，为他们排忧解难，广泛征求他们的意见建议，汇聚智慧，凝聚力量；通过在线组建科研团队，不断增强科技工作者主人翁意识，促进跨学科领域的人才资源整合和人才价值最大化，重塑科技工作者之间的链接关系。

（四）线上服务推动线下科技志愿服务质效提升

网上科技工作者之家的服务性体现在既要让科技工作者找到组织、需求得到满足，又要促使科技工作者追求个人理想、实现人生价值。新时代赋予科技工作者服务我国社会经济发展的新使命，网上科技工作者之家可以通过定期发布科技志愿服务团招募信息与"科创中国"平台需求相匹配，广泛招募搭建科技志愿服务团和科普志愿队；增设科技金融服务模块，通过科技众筹功能落实推广已获专利但尚未达到技术路演标准的科技成果；通过在线组建企业运营团队帮助科技创新型中小微企业实现本地运营服务链接，助力企业"项目线"和"建设线"共同发展；定期发布用人单位招聘信息，科研人员兼职、兼薪信息，相关资格考试信息，开展在线职业技能培训，开展科技工作者在线 MOOC 大课堂；开展科技工作者维权服务，开展知识产权法律咨询、科技心理咨询，维护科技工作者合法权益。设置信访通道，开辟网上信访有效渠道；提供新经济组织和新社会组织科技人员职称评审服务。

六、发展趋势

实践表明，网上科技工作者之家作为科协组织联系服务广大科技工作者的工作阵地，符合科技工作者需求，未来的发展趋势主要围绕以下几个方面。

（一）瞄准青年科技工作者的未来发展

当前青年社交用户的特点是兴趣广泛且多元化，其显著特征大多具有互联网属性。《2018 中国青年人兴趣社交白皮书》中统计的中国青年社交用户标签大多带有互联网属性，显示互联网的发展和普及对青年社交用户影响深远。青年用户是推动当下互联网平台发展的主力军，也是互联网创新升级的未来。网上科技工作者之家未来目标用户定位要以高校学生、青年科技工作者、青年企业科研人员为重点，聆听青年人心声，激发其创新、创业、创造热情，引导青年人才践行服务国家和人民的崇高使命。

（二）与智慧科协建设有机融合

当前，智慧科协按照"精准识别、成熟先行、小步快跑"的建设原则梳理分解供需双方数据需求，参考商业数据中台模式，建构数据中台功能，创设数据交换场景，不断完善公共管理平台。智慧科协的用户群多为科协系统人员和少部分科协系统外的科技工作者，网上科技工作者之家作为业务前台，用户群主要是科协系统外的科技工作者，部分功能如组织人事管理则面向科协系统内的用户。智慧科协与网上科技工作者之家的功能交集决定了二者在未来发展趋势上应当有机融合，前台如何合理成为中台的用户，中台数据如何有效服务前台业务，需要在未来不断迭代磨合中完善。

（三）为科技金融服务保驾护航

加强科技与金融的结合不仅有利于发挥科技对经济社会发展的支撑作用，而且有利于金融创新和金融的持续发展。科技金融的参与者主要有政府、非营利组织、企业、社会中介机构等。政府在其中的作用是举足轻重的，政府不仅投入巨额资金直接资助科技型企业、创投公司、成立科研院所，而且设立限定产业领域的基金，如科技成果转化基金（简称科转基金）、孵育基金、产业投资基金等。网上科技工作者之家要成为保证科技金融服务有效执行的护驾平台，通过深度开发科技众筹模块，优先推广，如已获专利的成果支持科技项目或成果开展线上众筹，进而扭转作为科技创新主体的中小企业缺乏科研资金的困境。

（四）形成网上创新社区生态

一是开放融合的生态。通过与各类平台互联互通，运用科技圈子建设、话题设置、即时交互等会聚科技界数据和信息，建设我国最大的科技工作者网络社区。二是协同共享的生态。为科技工作者在科研活动过程中、取得科研成果后、科技成果转化中搭建平台，实现科技项目协作方、科技转化落地方的多方协同，为科技工作者服务。三是平等共治的生态。目前，注册用户涵盖全国学会和各级科协组织，用户数量持续增长，不断创造新的互动需求，个人用户、全国学会和各级科协共同治理网上科技工作者之家。

参考文献

［1］勇于自我革新，真正成为科技工作者之家——解读科协系统深化改革实施方案（Ⅱ）［J］．科技导报，2016，34（8）：12.

［2］尹微，马桂芬，姚玉兵. 浅析科技工作者之家如何为科技工作者服务 ［J］. 科技风，2018（28）：242.

［3］李源潮. 在全国妇联调研改革落实情况和网上妇联建设时的讲话［J］. 中国妇运，2017（3）：4-7.

［4］杨捷. 新时代加强和改进共青团工作路径研究［D］. 石家庄：河北师范大学，2019.

［5］佘慧敏. 让科协成为科技工作者之家［N］. 经济日报，2016-03-28（6）.

［6］王向民. 重塑群团：国家社会组织治理体系与治理能力现代化的制度定型［J］. 工会理论研究（上海工会管理职业学院学报），2015（6）：9-12，34.

新时代科技工作者政治参与意识的提升策略研究

西南大学动物科学学院　汪学荣

摘要：在中华民族实现伟大复兴的历史进程中，科技工作者担负着重要的历史使命和社会责任。科技工作者的政治参与意识事关国家大政方针的制定，与人民的生活息息相关。本文从构建科技工作者政治参与的法律体系和制度机制、政治参与的平台和渠道、政治参与意识的引导机制三方面阐述了增强新时代科技工作者政治参与意识的路径和方法，以期为提升科技工作者政治参与意识提供参考和借鉴。

关键词：科技工作者；参政；意识；提升

当今世界正经历百年未有之大变局，科技发展日新月异，科技革命与产业革命浪潮席卷全球。科技工作者站在世界科技的前沿，不仅要肩负科技创新的责任，而且要培育政治参与的意识。1939年，英国剑桥大学贝尔纳教授在《科学的社会功能》中对科学与政治、科学与战争、科学的作用等展开了深入的探讨，并强调了科技工作者在社会发展中具有的重要作用。科技工作者应发挥自身专业特长和优势，围绕国家发展重大战略、重点领域，加强调查研究，积极参政议政，为治国理政提供决策参考。第二次全国科技工作者调查数据分析表明，我国科技工作者中仅有约20%通过政策咨询参与政治，而参与政府建议、新闻建议和上访等活动的比例均不足10%。科技工作者参政意识不强，不能有效地将智力优势和智慧优势转化为决策制定参考优势，这不利于社会经济的发展，不利于国家大政方针的制定。提升科技工作者的政治参与意识有利于促进社会主义政治文明、政治制度建设，有利于促进国家繁荣和社会进步。

一、构建科技工作者政治参与的法律体系和制度机制

中华人民共和国成立后，我国制定了一系列法律来维护和保障科技工作者权益。《中华人民共和国宪法》规定了科技工作者从事科研工作的权利和自由；《中华人民共和国著作权法》《中华人民共和国专利法》规定了维护科技工作者的科研作品、发明创造等知识产权；《中华人民共和国科学技术进步法》《中华人民共和国促进科技成果转化法》规定了促进科技进步和科技经济融合的相关措施；《中华人民共和国劳动法》《中华人民共和国劳动合同法》规定了维护科技工作者的劳动权益。但是，我国目前尚无维护和保障科技工作者政治参与权益的法律和法规。

（一）建立维护和保障科技工作者政治参与权益的法律体系

认真对待权利的美国著名法学家罗纳德·德沃金指出，法律的最终目的是建立一种平等自由的政治社会。众所周知，法律是维护公民权益的最有力武器和最坚强后盾。因此，科技工作者参与政治需要法律保障。全国人民代表大会及其常务委员会深入调查、分析科技工作者政治参与的现状、意愿和诉求等，制定维护和保障科技工作者政治参与合法权益的有关法律法规，明确科技工作者政治参与的权利和义务，使科技工作者参与政治步入法治化轨道。

（二）建立维护和保障科技工作者政治参与权益的制度机制

1. 建立科技工作者政治参与意识培育机制

马克思、恩格斯在诸多文献中论述了有关政治参与理论和实践的基本

问题，政治参与思想是其政治理论体系的重要组成部分。古希腊政治家伯里克利在《在阵亡将士葬礼上的演说》中说："一个对政治毫无兴趣的男人，我们不说他是那种只扫自家门前雪，不管他人瓦上霜的人，干脆把他当作废人。"在新时代，科技工作者不仅要有对科技的神圣使命感，而且要有强烈的政治责任感。政府综合分析科技工作者政治参与现状，遵循科技工作者政治参与规律和工作实际情况，通过培训、宣传、引导等方式加强科技工作者政治参与兴趣培养，逐步增强其政治参与意识，建立科技工作者政治参与意识培育长效机制。

2. 建立科技工作者政治参与意识激励机制

在市场经济的利益刺激和逐利性导向下，科技工作者的经济意识逐渐增强。马克思说："人们奋斗所争取的一切，都同他们的利益有关。"美国心理学家爱德华·李·桑代克的学习定律表明，奖励是影响学习的主要因素。因此，建立科技工作者政治参与意识激励机制有助于激发他们的积极性、主动性和创造性，有助于治国理政、实现长久的国泰民安。政府建立科技工作者政治参与的激励制度，制定激励的细化、量化指标，物质奖励与精神奖励相结合，通过奖励优秀，形成一种竞争参政、争创优先的良好局面。

二、构建科技工作者政治参与的平台和渠道

参政议政平台是科技工作者发挥自身智力优势，主动参与政治的前沿阵地。科技工作者知识渊博、思维严谨、视野广阔，搭建参政平台，畅通参政渠道，为科技工作者参与政治创造条件。

（一）搭建科技工作者政治参与平台

1. 搭建科技工作者政治参与界别平台

习近平总书记强调："为国是建言，为民生呼吁，是知识分子应有的

责任和担当。"科技工作者是知识分子的中坚力量，主动参与政治是其政治觉悟的重要表现。中国共产党、各民主党派、工商界联合会、党外中青年知识分子联谊会、新的社会阶层人士联谊会、科学技术协会等政党和组织敞开怀抱，招贤纳士，吸引广大科技工作者加入，为科技工作者参与政治提供政治舞台和发挥空间。

2. 搭建科技工作者政治参与调研平台

毛泽东主席在《反对本本主义》中提出著名的"没有调查，就没有发言权"论断。习近平总书记强调："调查研究是正确决策的基本功，也是参政议政的基本功。"调研是参政议政的前提和基础。政府多渠道搭建科技工作者参政调研平台，为科技工作者深入农村、企业、学校、社区等调查研究提供条件，充分激发科技工作者参政觉悟和兴趣，充分发挥科技工作者参政议政的智力和智慧优势。

3. 搭建科技工作者政治参与建言平台

荀子曰："不闻不若闻之，闻之不若见之，见之不若知之，知之不若行之。"思有所行，就是要敢于建言。建言献策是科技工作者参与政治的重要方式，建言献策能力是科技工作者参政的基本素质。政府搭建多种形式建言献策平台，如邀请科技工作者参加建言献策培训、参政调查研究、参政议政研讨、参政经验交流等，为科技工作者参与政治提供施展才能的广阔空间。

（二）畅通科技工作者政治参与渠道

党的十九大报告提出"加强中国特色新型智库建设"的战略任务，科技工作者面临新情况、新任务和新竞争。政治参与渠道是否畅通事关科技工作者建言能否被决策者知晓、事关国家治国理政方针政策的制定、事关人民生产生活的方方面面。政府多方面着力开通科技工作者政治参与渠道，如聘请科技工作者为建言献策特邀信息员、开通科技工作者建言献策

"直通车"、建立科技工作者与决策者"面对面"思想交流商讨制度、充分利用新媒体（微博、微信）等，扫除建言献策上报阻力与障碍，为科技工作者建言资政开通绿色通道。

三、构建科技工作者政治参与意识的引导机制

马克思认为，意识不是从来就有的，意识是自然界长期发展的产物，是社会的产物。科技工作者的参政意识需要党和政府的科学引导，使其走上为国建诤言、献良策的道路，深深植根人民、服务人民、造福人民。

（一）丰富科技工作者政治参与的内容

政治参与是社会主义政治文明的重要标志，也是社会主义政治文明建设的重要内容。科技工作者的政治参与不应仅局限于调查、撰写和提交社情民意信息，不应仅局限于向政府建言献策，参政的内容和范围应多样化。政府明确和丰富科技工作者政治参与的具体内容，科技工作者除享有参与民主选举、民主决策、民主监督和民主管理的政治权利外，还可以参与国家法律法规与政策的制定、国家顶层设计与规划、基层与公共事务管理等政治事务，充分发挥其智力优势和潜能，为国家贡献智慧和力量。

（二）创新科技工作者政治参与的方式

政府发挥科技工作者政治参与平台的积极作用，充分利用政治宣传橱窗、参政成果展、政治教育基地等的宣传教育功能，拓宽科技工作者政治参与的渠道。政府开辟科技工作者政治参与新渠道，创新科技工作者政治参与方式。科技工作者通过网络参政、移动参政、围观式参政等新型参政方式及时上报社情民意，为政府决策提供有益参考和借鉴。

（三）建立科技工作者参政意识引导机制

政府通过调查研究科技工作者参政意识状况、价值观取向，通过开展政治培训、会议和活动，探索参政理论，强化参政意识，疏解参政矛盾心理等，对科技工作者进行科学引导，使其由"听政"向"参政"转变、由"被动参政"向"主动参政"转变、由"思想参政"向"行动参政"转变，切实增强科技工作者的政治参与意识。

马克思认为，主观能动性是人发展的根本动力，正确认识客观规律是发挥主观能动性的前提。在习近平新时代中国特色社会主义思想的指导下，科技工作者在工作之余，应充分发挥自身主观能动性，正确认识和把握参政议政原则和规律，主动关心时事、关心政治，不断加强政治理论学习，提升政治素质，培养参政意识，提升参政能力，增强参政议政的主动性、自觉性和自主性，不辱历史使命，勇担社会责任。

参考文献

［1］J.D. 贝尔纳. 科学的社会功能［M］. 北京：商务印书馆，1982.

［2］吴芸，赵延东. 科技工作者的政治参与行为及影响因素——基于全国科技工作者状况调查数据的实证分析［J］. 中国科教论坛，2018（11）：125-132.

［3］程文强. 罗纳德·德沃金权利的正义思想研究［D］. 哈尔滨：黑龙江省社会科学院，2015.

［4］张燕，顾承卫. 马克思主义政治参与思想及其当代价值［J］. 武汉科技大学学报（社会科学版），2010，12（6）：24-28，64.

［5］王一帆. 英雄造时势　时势造英雄——论古希腊雅典民主政治的兴衰［J］. 产业与科技论坛，2012（7）：112-113.

［6］陈万柏，张耀灿. 思想政治教育学原理［M］. 北京：高等教育出版

社，2007.

[7] 爱德华·桑代克. 人类的学习 [M]. 李维译. 北京：北京大学出版社，2010.

[8] 盛洪. 道统指导政统原则及其在传统中国的制度安排——关于知识分子制度化参政机制的讨论 [J]. 文史哲，2019（5）：90-100, 167.

[9] 刘招成.《反对本本主义》接受史研究 [J]. 湖北社会科学，2010（12）：9-12.

[10] 冯江星，王军为，杨丽丽. 高校民主党派成员建言献策能力培养工作的思考 [J]. 北京教育·高教，2018（2）：62-65.

[11] 吕娉婷，韩松. 新时代民主党派参政议政问题研究 [J]. 天津市社会主义学院学报，2019（1）：30-35.

[12] 毕国明，许鲁洲. 中国哲学与马克思主义哲学中国化 [M]. 北京：人民出版社，2010.

[13] 吴自斌. 政治参与：社会主义政治文明的重要内容 [J]. 西南民族大学学报（人文社科版），2004，25（5）：404-409.

[14] 韩永莲. 论扩大公民政治参与的内容及其建设 [J]. 湖北教育学院学报，2003，20（6）：35-37.

[15] 徐欢，阮一帆. 新时代思想政治教育主流意识形态引导机制构建 [J]. 教学与管理，2020（2）：36-39.

[16] 罗大鹏. 互联网时代下公民网络政治参与的研究现状及相关理论阐述 [J]. 传播力研究，2018（8）：241.

[17] 郑又贤. 激发参政觉悟 健全参政平台——充分发挥民主党派参政作用的新思考 [J]. 福建教育学院学报，2010（5）：1-4.

[18] 中共中央马克思恩格斯列宁斯大林著作编译局. 马克思恩格斯文集 [M]. 北京：人民出版社，2009.

川渝科技工作者参与政治现状分析
——基于第四次全国科技工作者状况调查

中国科协创新战略研究院　李　慊

摘要： 国家治理体系现代化要求治理主体多元化。科技工作者是我国知识聚集、素养较高的群体，在公共领域应承担更多的社会责任，在国家治理体系现代化、人才引领治理的过程中应该发挥更大的作用。本文基于第四次全国科技工作者状况调查中重庆和四川的数据分析川渝科技工作者参与政治的情况和渠道。调查发现，川渝科技工作者较为关注国家政策方针，参与公共事务管理的意愿较强，参与实践也较丰富，但是重庆科技工作者对渠道不畅通问题反映较强烈。向单位领导提意见是川渝科技工作者参与公共事务管理的主要方式，实际参政议政的比例较低。

关键词： 科技工作者；参与政治；调查

一、引言

政治经济活动中民众意见被听取的主要方式是公众参与政治，这是一种公民权利。进入 20 世纪以来，中国科学家非常高效地参与社会互动，促使科学在中国经济社会多方面发挥了重要作用。步入新时代，科学技术在推动经济社会发展方面的关键作用更加凸显。科技工作者是我国知识聚集、素养较高的群体，在公共领域应承担更多的社会责任，在国家治理体系现代化、人才引领治理的过程中应该发挥更大的作用。

政治参与包括针对政治政策的狭义政策参与、针对社会协会组织的社会参与、针对社会失范行为的道德参与；20世纪90年代以来，随着网络平台的快速发展，我国出现了"网络围观议政"的新形式。哈贝马斯提出科技工作者应运用专业特长或科学理性来进行社会参与。争取利益是公众参与政治的主要动机，既包括制度层面的分权驱动，也包括个体层面的政治责任感、义务、分享和获取知识，甚至包括通过一些非理性群体性事件和网络事件发泄个人情绪。

科学家应该承担怎样的社会责任一直是社会广泛关注与探讨的话题。包括科学家在内的科技工作者不应是社会发展的旁观者，应该扮演顾问、专家甚至决策者，承担起社会赋予的责任，通过科技创新提高人类福祉，通过广泛地参与社会和政治事务影响政府行为、普及科学知识、唤醒民众积极参与科学。

目前，有关科技工作者政治参与情况的研究相对较少，特别是区域科技工作者情况分析。本文基于全国第四次科技工作者状况调查数据分析川渝地区科技工作者的政治参与行为，以期更好地了解川渝地区科技工作者的政治参与行为，并为促进川渝地区科技工作者积极参与社会治理提出政策建议。

二、数据来源

（一）科技工作者的定义和范围

"科技工作者"这一概念最早应用于延安解放区，1958年，中国科学技术协会第一次全国代表大会上首次明确使用了"科学技术工作者"称谓。《中国科学技术协会章程》规定："中国科学技术协会是中国科学技术工作者的群众组织，是中国共产党领导下的人民团体，是党和政府联系科学技术工作者的桥梁和纽带。"习近平总书记在全国科技创新大会、两院院士大会、中国科协第九次全国代表大会上强调："中国科协各级组织要坚持为科技工作者服务……团结引领广大科技工作者积极进军科技创新……真正成为党领导下团结联系广大科技工作者的人民团体，成为科技创新的重要力量。"再次明确了科协工作范围和服务对象就是科技工作者。

国内部分学者对科技工作者的界定及内涵作了进一步讨论，虽然没有给出明确的定义，但同意将科技工作者作为一个职业群体来看待，科技工作者是以科技工作为职业，从事研究、开发、应用、传播、维护和管理的工作，并获取科技资助和合理报酬的职业群体。中国科协发布的《全国科技工作者状况调查报告》进一步完善了科技工作者的定义，指出科技工作者是以科技工作为职业的人员，即实际从事系统性科学和技术知识产生、发展、传播和应用活动的劳动力，涵盖专业技术人员、科技活动人员、研发人员、科学家和工程师等多层次的人员。因为科技工作者是一个政策概念，缺乏完整的统计资料，因此在实际调查采样中主要指自然科学教学人员，科学研究人员，工程技术人员，卫生技术人员，农业技术人员，以及实际从事系统性科学技术知识创造、开发、普及推广和应用活动的人员。

（二）调查样本分布

本文使用的调查数据来源于第四次全国科技工作者状况调查，调查于 2017 年下半年依托中国科协分布在全国的 516 个科技工作者状况调查站点进行，覆盖全国除港澳台外的 31 个省（区、市）和新疆生产建设兵团。站点类型主要有科研机构站点、高等院校站点、大中型企业站点、大型卫生机构站点、中学站点、园区站点、地县科协站点。共采集有效样本 48099 份。本次调查采取随机抽样方法，在调查实施过程中严格遵循社会调查规范，保证了调查的科学性、客观性和准确性。本文选取重庆市和四川省科技工作者为主要研究对象，有效样本量分别为 1112 份和 2166 份。样本均覆盖了各区域的科研院所、高等院校、企业、医疗卫生机构和县域基层单位的科技工作者群体，调查内容涵盖科技工作者的社会参与、观念态度等，使用 SPSS 19.0 进行了数据交叉分析。

重庆市科技工作者男女比例基本持平，男性占 58.2%；从年龄看，重庆市科技工作者平均年龄为 36 岁；从政治面貌看，其中中共党员占 45.2%、民主党派占 2.7%；从学历看，其中博士占 10.7%、硕士占 24.2%、本科占 50.0%、大专及以下占 15.1%；从所在单位类型看，其在科研院所的占 11.3%、在高等院校的占 13.6%、在大型企业的占 33.5%、在中小企业的占 16.9%、在医疗卫生机构的占 15.7%。四川省科技工作者男女比例基本持平，男性占 58.4%；从年龄看，四川省科技工作者平均年龄为 34.3 岁；从政治面貌看，其中中共党员占 49.7%、民主党派占 1.2%；从学历看，其中博士占 6.4%、硕士占 24.4%、本科占 48.8%、大专及以下占 20.4%；从所在单位类型看，其在科研院所的占 12.4%、在高等院校的占 14.8%、在大型企业的占 21.8%、在中小企业的占 17.4%、在医疗卫生机构的占 23.1%。

三、川渝科技工作者参与政治现状

（一）60% 的川渝科技工作者关注国家政策

重庆市科技工作者中 64.8% 表示非常关注或比较关注近年来国家出台的重大政策方针，而四川省的科技工作者比例仅为 59.6%，四川省科技工作者对国家政策方针关注度低于全国平均水平。

从年龄看，年龄越低的科技工作者对国家政策的关注度越低，重庆市 81.9% 的 45 岁及以上科技工作者表示非常或比较关注国家政策方针，高于 35～44 岁（66.3%）和 35 岁以下（57.9%）的科技工作者。四川省 70.2% 的 45 岁及以上科技工作者表示非常或比较关注国家政策方针，高于 35～44 岁（64.1%）和 35 岁以下（54.8%）的科技工作者，且均低于重庆市。

（二）重庆市科技工作者参与社会管理的意愿较强

公众参与社会公共事务管理有利于政府在社会事务管理中得到群众支持，同时能有效实现人民当家作主。调查显示，总体上重庆市科技工作者参与公共事务管理的意愿比较强烈，71.0%的科技工作者表示非常愿意或比较愿意参与国家或地方公共事务管理，四川省该比例为63.4%，低于全国平均水平（67.0%）。

重庆市和四川省积极参与社会管理的科技工作者画像差异较大，重庆市45岁及以上，中共党员，初级职称，职业是中学教师、技术推广/科普人员、科技管理人员，这类科技工作者参与社会管理的积极性较高。四川省35～44岁，民主党派，正高级职称，职业是卫生技术人员，这类科技工作者参与社会管理的积极性较高。

（三）重庆市科技工作者反映参与科技决策咨询渠道较缺乏

虽然重庆市科技工作者社会参与意愿较强，但对反映科技界问题情况、参与科技决策咨询的渠道的畅通性评价不高。调查发现，42.0%的重庆市科技工作者认为反映科技界问题情况、参与科技决策咨询的渠道很缺乏或不太畅通，比全国平均水平高2.8%，比四川省高8.3%。其中，重庆市民主党派（53.3%）、硕士学历科技工作者（51.8%）、博士学历科技工作者（51.8%）、大学教师（57.8%）对参与科技决策咨询的渠道不畅通的反映较强烈。四川省反映参与科技决策咨询的渠道不畅通的科技工作者画像与重庆市类似。

（四）川渝科技工作者实际参与公共事务管理比例较高

本次调查样本中，当选过"两会"代表的重庆市、四川省科技工作者均为3.4%，低于全国平均水平（3.5%）。除了调查当选"两会"代表情况，本次调查还列举了 4 种活动来了解科技工作者参与公共事务的情况。调查发现，2016 年，57.6% 的重庆市科技工作者和 57.8% 的四川省科技工作者没有参与过各类公共事务的管理，均低于全国平均水平（60.5%），即与全国平均水平相比，更高比例的川渝科技工作者参与了公共事务管理。

科技工作者主要通过向单位领导（相关部门）提建议的方式参与公共事务管理，占比均超过 30%。此外，他们还就单位管理问题公开发表意见，占比均接近 10%。向新闻媒体提建议和向政府提建议的比例相对较低，均不足 5%。与全国平均水平相比，川渝科技工作者在参与公共事务管理方面具有一定独特性，川渝科技工作者更倾向通过向单位领导（相关部门）提建议和就单位的管理问题公开发表意见的方式，比例均高于全国平均水平。

在上述各项活动中，川渝地区男性科技工作者参与比例相对较高，重庆市男性科技工作者参与单位事务向单位领导提意见的比例比女性科技工作者高 11.8%。从年龄来看，年长的科技工作者的参与比例相对较高，在向单位领导提意见、就单位管理问题发表意见方面，四川省 45 岁及以上科技工作者的比例分别为 45.8% 和 15.9%，35～44 岁的科技工作者的比例分别为 32.4% 和 11.4%，均高于 35 岁以下科技工作者（分别为 29.6% 和 8.6%）；但在向新闻媒体提建议方面，青年科技工作者参与比例略高。

（五）超过 30% 的川渝科技工作者对错误科技信息冷漠

与一般公众相比，科技工作者群体更加了解科技知识，当问及在媒体上看到了您认为明显错误的科技信息或报道的做法时，重庆市科技工作者中 36.2% 选择不予理睬，四川省科技工作者中选择不予理睬的占 30.9%，均超过 30%。此外，29.5% 的重庆市科技工作者表示会向自己周围的人澄清错误，18.0% 的科技工作者表示会向相关管理部门反映，10.6% 的科技工作者表示会与媒体联系指出错误，2.5% 的科技工作者表示会通过媒体向公众澄清错误。四川省科技工作者中的 24.3% 表示会向自己周围的人澄清错误，20.1% 的科技工作者表示会向相关管理部门反映，10.5% 的科技工作者表示会与媒体联系指出错误，4.0% 的科技工作者表示会通过媒体向公众澄清错误。与全国平均水平相比，重庆市科技工作者更倾向于向自己周围的人澄清错误，四川省科技工作者更倾向于向相关管理部门反映。

（六）不足 30% 的川渝科技工作者加入了各级学术团体

调查显示，25.9% 的重庆市科技工作者和 29.5% 的四川省科技工作者加入了至少一个学术团体，参加比例均低于全国平均水平（31.7%）。

从年龄上看，青年科技工作者加入学术团体的比例相对较低。重庆市 35 岁以下科技工作者加入学术团体的比例为 16.9%，比四川省低 4.9%。从学历上看，学历越高的科技工作者加入学术团体的比例越高。重庆市和四川省博士学历科技工作者加入学术团体的比例分别为 54.4% 和 54.6%，差异较小。加入学术团体的科技工作者主要以加入省级学会为主，比例均超过 10%，而重庆市加入学术团体的科技工作者中平均每人加入了 1.28 个省级学会，四川省平均每位科技工作者加入 1.34 个省级学会。省级学会覆盖面较小或是重庆市科技工作者反映参与公共管理渠道不畅通的原因之一。

（七）超过 10% 的川渝科技工作者是基层科协组织的个人会员

科协组织由学会（协会、研究会）等学术团体和基层组织组成，除了联系学术团体，还在企事业单位和乡镇（街道）建立了基层科协组织，如企业科协、大专院校科协、乡镇（街道）科协（科普协会）、农村专业技术协会等。基层科协组织可以发展个人会员，直接联系和服务一线科技工作者。

调查显示，四川省基层科协组织的科技工作者覆盖率更高，17.6%的四川省科技工作者是基层科协组织的个人会员，重庆市的比例为14.1%，但两地比例均高于全国平均水平（12.4%）。四川省基层科协组织所覆盖的科技工作者画像集中在35岁及以上、中共党员、副高级职称、工程技术人员和科技管理人员；而重庆市基层科协组织覆盖的科技工作者集中在45岁及以上、正高级职称、技术推广/科普人员和科技管理人员。

（八）川渝学术团体、基层科协活跃度高于全国平均水平

调查显示，在学术团体或基层科协组织的会员中，重庆市（75.0%）和四川省（73.2%）的科技工作者表示参加了所在团体或组织开展的活动，均高于全国平均水平（71.8%）。但是，重庆市的科技工作者经常参加的比例为17.2%，四川省的科技工作者经常参加的比例为12.3%，四川省的科技工作者经常参加的比例低于全国平均水平（13.3%）。另外，几乎不参加活动的会员重庆市和四川省分别占25.0%和26.8%，均低于全国平均水平（28.2%）。

进一步分析发现，与全国平均水平一致，川渝科技工作者中45岁及以上、正高级职称者、高层管理人员参加所在组织的活动相对频繁。

（九）30%的川渝科技工作者对科协较为认可

调查显示，21.4%的重庆市科技工作者和30.2%的四川省科技工作者表示了解科协情况，均高于全国平均水平（20.7%）。在了解科协组织的科技工作者中，29.9%的重庆市科技工作者和36.2%的四川省科技工作者对科协组织的影响力评价较好，重庆市科技工作者对科协的评价略低于全国平均水平（31.8%）。重庆市博士学历的科技工作者对科协认可的比例略低，仅为23.1%，低于硕士（29.1%）、本科（32.1%）、大专（26.7%）学历科技工作者的评价。

四、政策建议

通过对川渝科技工作者状况调查数据分析发现，重庆市科技工作者参政议政的积极性较高，实际参与公共事务管理的比例也相对较高。但是重庆市科技工作者对渠道不畅通的反映比例较高，学术组织、基层科协组织会员覆盖面不高，且对科协影响力评价不高。科协组织是科技工作者的群众组织，是党和政府联系科技工作者的桥梁和纽带，是科技工作者参政议政的重要渠道。科技工作者的政治参与在创新驱动发展的新时代具有重要意义，为了进一步促进科技工作者积极参与政治事务与国家治理，进一步扩大科协组织在科技工作者积极参与政治事务与国家治理过程中的桥梁作用，提出以下建议。

（一）加快建设网上"科技工作者之家"，畅通科技工作者参政议政渠道

在统筹疫情防控和经济社会发展工作的背景下，中国科协上线试运行了网上"科技工作者之家"，以"奋斗有我""科学一家""科技为民""交流合作""科技人物"五大模块为载体，发挥了中国科协学术、科普、智库三大资源优势，积极构建科技工作者与祖国人民的"同心圆"。此外，建议充分挖掘科协在畅通科技工作者参政议政渠道方面的资源和潜力，在网上"科技工作者之家"增加相应板块。打造集引领、活动、展示、服务、社交、参政于一体的，永不落幕、永不打烊、永远服务的网上科技工作者精神家园，增强科技工作者的认同感、自豪感、归属感、参与感。

（二）强化公民网络素养教育，为有序参政营造软环境

强化科技工作者"媒体利用者"和"信息发掘者"的角色意识，提高

其发掘和利用网络信息能力及对网络信息的辨析和批判能力。强化科技工作者"网络信息生产者和传播者"的角色意识，提高其道德素养、社会与政治责任意识。强化科技工作者"网络参政议政的平等参与者"的角色意识，培养其宽容的心态和法治意识。

（三）增加政府工作人员与科技工作者之间的交流机会

有机会承接政府课题的高校、科研院所的科技工作者向政府献策的机会更多，当科技工作者的业务范围内有政府工作人员时，科技工作者的政策咨询行为、政府建议行为、新闻建议行为等政治参与行为会更频繁。因此建议高校和科研机构更多地承担政府委托项目，政府部门也可以更多地发布决策咨询课题，从而加强政府与科技工作者间的联系。依托人才计划加强政府与科研机构、高校、高层次人才的联系，增加政府工作人员与科技工作者讨论的机会，增强信息沟通，形成彼此业务支撑。

参考文献

［1］J.哈贝马斯.作为"意识形态"的技术与科学［M］.上海：学林出版社，1999.

［2］CHRISTINA W A, MICHIEL S D. 巴西、日本、俄罗斯和瑞典的分权改革与政治参与的比较研究［J］.中国行政管理，2008（10）：122-127.

［3］王小章.村民自治和政治参与［J］.浙江社会科学，2002（1）：110-115.

［4］郑国，刘伟.利益平衡与知识整合：城市规划公众参与的逻辑与模式［J］.中国行政管理，2017（11）：39-42.

［5］刁生富.大科学时代科学家的社会责任［J］.自然辩证法研究，2001（17）：53-56.

［6］彦文.论科技工作者之定义［J］.科协论坛，2003，18（5）：7-9.

［7］何国祥.科技工作者的界定及内涵［J］.科技导报，2008，26（12）：96–97.

［8］王炎.福建省科技工作者状况调查的统计分析［D］.福州：福建师范大学，2014.

［9］胡金玲.天津市科技工作者现状、问题与对策研究［D］.天津：天津大学，2009.

［10］鲁晓，洪伟，何光喜.海归科学家的学术与创新：全国科技工作者调查数据分析［J］.复旦公共行政评论，2014，12（2）：7–25.

［11］全国科技工作者状况调查课题组.全国科技工作者状况调查报告（2008）［M］.北京：中国科学技术出版社，2010.

［12］全国科技工作者状况调查课题组.全国科技工作者状况调查报告（2013）［M］.北京：中国科学技术出版社，2015.

［13］全国科技工作者状况调查课题组.第四次全国科技工作者状况调查报告（2017）［M］.北京：中国科学技术出版社，2018.

促进学术繁荣

新时代深化学会治理体系和治理方式研究

四川省科学技术协会　杨　博

摘要：本文研究如何创新运用智慧学会，推动学会治理体系和治理方式变革，更好履行科技社团"四服务"职责定位，从根本上解决学会会员底数不清、联系服务会员不亲不紧不密切等问题，破解学会凝聚力不够、活力不强、组织松散等难题，切实提升新时代学会治理能力。

关键词：新时代；智慧学会；治理体系；治理方式

党的十九大绘就社会主义现代化、新时代新征程的宏伟蓝图，在新的历史节点，学会作为联系科技工作者的重要桥梁和纽带，要以习近平新时代中国特色社会主义思想为指导，不忘初心、牢记使命，探索新时代深化智慧学会治理体系和治理方式变革，勇当推动创新发展的时代先锋，最广泛地会聚广大科技工作者积极投身科技创新的磅礴力量，为中华民族伟大复兴航船破浪前进注入不竭动力。

一、深刻认识新时代创新推动智慧学会模式的重要意义

（一）创新推动智慧学会模式是加强学会科学管理的必然选择

中共中央办公厅、国务院办公厅《关于改革社会组织管理制度促进社会组织健康有序发展的意见》强调："实行双重管理的社会组织的业务主管单位，要对所主管社会组织的思想政治工作、党的建设、财务和人事管理、研讨活动、对外交往、接收境外捐赠资助、按章程开展活动等事项切实负

起管理责任。"党中央和国务院对新时代加强学会管理提出新要求，涉及管理内容之精细、服务范围之广泛、指导领域之丰富，均前所未有。众所周知，学会是科协的组织基础，学会工作是科协的主体工作，学会工作在科协工作中的战略地位不言而喻。但目前我们却面临着大多数学会对会员底数不清、联系服务会员不亲不紧不密切的情况。因此，应用互联网、大数据、云计算、人工智能等新一代信息技术，变革传统粗放型管理模式，创新推动智慧学会模式是落实党中央部署和加强学会"精准化"管理的必然选择。

（二）创新推动智慧学会模式是提升学会治理能力的必由之路

中共中央办公厅《科协系统深化改革实施方案》明确提出："科协系统深化改革，必须紧紧抓住所属学会这个牛鼻子，突出学会治理结构和治理方式改革这个重点，全面推进会员结构、办事机构、人事聘任、治理结构、管理方式改革，提升服务能力。"由此可见，新时代学会治理体系和治理方式改革成效是检验科协系统深化改革成败的关键。学会作为科技社团，要在新时代顺应历史变革潮流，就必须全面推进会员结构、办事机构、人事聘任、治理结构、管理方式变革。这种变革必然是一种全新的思维观念、组织体系、治理方式的革新，其核心是运用智慧学会模式全方位提升学会治理能力，从根本上解决传统学会凝聚力不够、活力不强、组织松散等突出问题，打造一批社会信誉好、发展能力强、学术水平高、服务成效显著、内部管理规范的示范性学会，真正把学会做实做强，创新推动智慧学会模式是提升学会治理能力的必由之路。

（三）创新推动智慧学会模式是服务科技工作者主旨应有之义

中国特色社会主义进入新时代，我国社会主要矛盾发生变化。解决人民日益增长的美好生活需要和不平衡不充分的发展之间的矛盾，关键在于如何激发、激活科技人才最大潜力、最大价值，发挥科技人才第一资源的引领作用。面对这一命题，新时代学会必须真正坚持以科技工作者为中心的服务理念，认真履行学会组织为科技工作者服务的天职，创新推动智慧学会工作模式，最大范围、最广深度组织动员科技工作者，为社会提供智能、精准、多元的科技服务产品，打造世界知名的学术活动品牌，建设世界一流的科技期刊，设立具有国际影响力的科技奖项，建设国际权威的智库品牌，提供优质普惠的科普服务，构建开放共享的科技与经济融合服务平台，全面提高服务科技人才的工作本领，创新推动智慧学会模式是全心全意服务科技工作者主旨的应有之意。

二、准确把握新时代创新变革智慧学会模式的基本要素

（一）科学规划智慧学会信息平台的顶层设计

传统的学会落实会员信息管理主要是填写《会员入会申请登记表》，其中包含姓名、性别、出生年月、最高学历、职务、毕业学校、职称、电话、单位、从事专业、通信地址、邮编、个人综合情况等信息。随着计算机的应用、互联网逐渐普及，学会落实会员信息管理开始依托建立各种"会员管理信息系统"，将传统的纸质登记变成计算机录入登记。由纸质档案变为电子档案，客观上为会员管理信息化打下了坚实基础，但也只是停留在静态初始阶段。因此，科学规划智慧学会工作模式，首先要做好智慧学会信息平台的顶层设计。智慧学会信息平台区别于传统意义上的静态会员登记系统，应以开放共享、广泛自主、智能精准为根本形态，以互联网、大数据、云计算、人工智能等现代信息技术为根本保障，尽量使学会会员信息更完整并实时更新。学会会员登记注册信息不仅要包含姓名、性别、身份证号、民族、学历、学位、毕业院校、专业、研究方向、技术职称、工作单位及职务等静态要素，更要包含会员发表科研论文、主持科研项目、获得各级政府专家人才称号、取得科技奖项、参加学术交流、参

与学会活动等动态要素，真实、完整、准确地反映学会会员全方位的科研能力和学术能力。信息平台还应考虑注册会员体验，突出广泛、精准、便捷、自主设计特点，可设置选择内容的尽量设置选项，提高会员注册登记效率和精准度。只有全方位、实时精准掌握会员的信息，才能为精准管理服务会员奠定和打牢基础。

（二）充分挖掘智慧学会信息平台的最大潜力

习近平总书记强调："科学技术从来没有像今天这样深刻影响着国家前途命运，从来没有像今天这样深刻影响着人民生活福祉。"科技工作者的初心就是不忘"人民生活福祉"，科技工作者的使命就是实现"国家前途命运"。智慧学会信息平台应以实现科技工作者初心使命为中心，充分挖掘信息平台精准管理和服务会员的最大潜力。因此，智慧学会信息平台应以"智库、学术、科普"为单元，运用大数据、云计算、人工智能等新一代信息技术实现智能匹配、精准引导，主动服务会员参加各类国内外学术交流活动、推荐发表科研论文、开展科技类服务、协同科研项目攻关、举荐科技人才和奖项、提供优质科普服务、参与产学研服务、职称评审、职业资格认定、建言献策、申报科技智库项目、维护自身合法权益等，从而最大范围、最广深度调动科技工作者积极性，激发科技人才创新创造活力。

（三）精心做好智慧学会信息平台的运营管理

智慧学会模式的实现有赖于智慧学会信息平台的可持续发展机制，应考虑中国科协牵头，在省级科协建立开发和运营智慧学会信息平台的机构，配备专（兼）职工作人员，并对省级学会（协会、研究会）开放管理权限。条件成熟时可向市（州）、县（区）逐级开放管理权限，形成省、市、县三级学会信息平台互联互通。在此基础上，逐步打通省际和全国学会信息互联互通，共享全国学会智力和人才资源。同时可以考虑引进市场机制，争取一定的财政经费支持，对会员参与的学术交流、科技服务、科技成果转化、科研项目攻关、科普服务等给予一定的物质奖励和精神激励，助力经济高质量发展。

三、深入推进新时代创新运用智慧学会模式的对策建议

（一）智慧学会模式的学会角色精准定位

新时代推进智慧学会模式、建立智慧学会信息平台实质上是变革传统学会治理体系和治理方式、提升学会治理能力的有益探索。在智慧学会模式中，学会的精准角色定位是会员注册制度的试点先行者、学术交流的积极引导者、科技服务的公平见证者、科技成果转化的公正评价者、科技协同攻关的参与组织者、市场导向科研项目的公信引路者、科技智库的决策咨询者、智慧科普精准畅达的权威实践者，从而实现学会会员和学会组织权责一致、利益共享、合作共赢。

（二）智慧学会模式的具体实现路径

实现智慧学会模式，探索以创新、能力、质量、贡献为导向的科技评价体系，其核心是实现"智能匹配、精准管理、精细服务"。要实现这一目标，智能匹配的关键是"指标化"，精准管理的关键是"量化"，探索以积分制建立的科技人才精准量化评价机制，将科技工作者在学历学位、技术职称或技能等级、学会任职、获得各级政府专家人才称号、发表科研论文、参加学术交流、获得科研奖项、开展科技服务、成果转化、科普服务、学术活动等方面得到国家及社会认可的能力设立为积分指标，并依托智慧学会信息平台对学会科技工作者进行量化积分管理，通过大数据分析、云计算、人工智能匹配实现"以市场见分晓、依服务分高下、用数据看业绩"的价值评价导向。

（三）智慧学会模式的成效展望

前中国科协党组书记怀进鹏指出："科协组织必须在识变中求变，善察端倪于青蘋之末，准确把握当代创新变革的态势和规律，坚定创新自信强化创新作为，以新的姿态全面迎接新一轮科技产业变革的挑战，团结引领科技工作者时刻走在时代发展的前列，当好推动国家创新发展的排头兵。"新时代智慧学会模式正是学会组织识变中求变、准确把握当代学会改革的态势和规律，坚定提升学会治理能力的新作为。智慧学会模式以市场机制为广大会员搭建释放自身才能、服务经济高质量发展的信息平台，必将进一步激发广大会员勇攀科学高峰、加强自主创新的内生动力，激励会员把论文写在祖国大地上、用在实战中，建立"以实干论英雄"的会员评价机制，使得学会"为科技工作者服务、为创新驱动发展服务、为提高全民科学素质服务、为党和政府科学决策服务"的职责定位落地生效，实现全面提升学会群众组织力、学术引领力、战略支撑力、文化传播力和国际影响力。

参考文献

［1］习近平.努力建设世界科技强国——在中国科学院第十九次院士大会、中国工程院第十四次院士大会开幕会上发表重要讲话［N］.人民日报（海外版），2018-05-29（1）.

［2］怀进鹏.为建设世界科技强国汇聚强大力量［J］.求是，2018（7）.

他国学术自治经验对我国学术共同体自律模式的启示

——以德国和美国为例

中国科协创新战略研究院　于巧玲

摘要：我国很多学术制度起源或借鉴于欧盟或美国，通过对德国和美国学术自治经验的研究，有利于探索我国学术共同体自律模式的建构。通过梳理发现，德国十分注重教育和科研机构的学术自治，而美国在学术自治的基础上引入了行政力量治理学术不端行为。要建立学术共同体自律模式，首先要推崇对科学事业的热爱，其次要通过推动共识、扩大共识，最后形成学术共同体自律的一致性行动。

关键词：学术共同体；自律；德国；美国

"自律"和"他律"是康德在其伦理学中提出的对人的道德约束的两个向度，后被学者引入建立学术诚信体系的讨论，并以"学术自律"和"学术他律"进行主体区分。学术自律指学术共同体不受外界的干扰与制约，通过自我道德培养和约束的方式将道德转化为自愿和自觉遵守的学术规范，规范地进行学术研究的行为。相应地，学术他律是学术共同体接受外界因素影响，遵守现行政策制度，规范地进行学术研究的约束方式。

一、学术共同体通过自律模式进行学术诚信建设的可行性

对于自律和他律在治理学术不端问题上应该发挥的作用，多数研究者对于以他律为主的治理方式并不看好，或倾向于将他律主导型的科研管理体制转变成自律和他律协调型，减少行政权力的干预，或认为与治理学术越轨行为相比，维护学术自由更为紧要，甚至反对引入或变相引入外部的社会力量，反对科学界"警察"的存在。学术不端行为具有隐蔽性，尽管他律机制尤其是法律制度具有较强的强制力，但并不能无时无刻发挥监督和惩治作用，学者个体和学术共同体的自律才是长鸣的警钟。而且，学术共同体具备自我治理的能力，科学社会学之父默顿认为，科学共同体具有高度有效的自主运行、自我调控和自行治理功能。学术共同体对于学术不端行为具有预防、监督和治理作用。可见自律模式的建立和完善更容易获得学术共同体的认同和赞许，并且学术共同体也有能力进行自我治理，以学术共同体的自律模式治理学术不端行为是可行且可能的。这里所探讨的学术自律的含义是宽泛的，是学术不端行为的对立面，包括遵守科研诚信、遵循科研伦理的认知、观念和行为。

二、学术自治的他国经验

我国现行的很多学术制度是起源或借鉴欧盟或美国的，尽管在本土发生了变化甚至异化，但如何建立符合我国国情的学术共同体的自律模式还需要研究他山之石以攻玉。美国是较早开始研究学术不端的国家之一，并且成立了官方的管理机构，政府直接参与治理。而在众多发达国家中，德国科学界更为注重高校和科研院所自律的作用。

（一）德国的学术自治经验

完善学术自治的法律法规和规章制度。在德国《联邦德国基本法》"科学自由""研究自由"及引申出的学术团体自治基础上，马普学会于1997年通过《质疑学术不端行为的诉讼程序》，德国科学基金会于1998年对《关于提倡良好科学实践和处理涉嫌学术不端行为的指南》进行了阐释，这两项具体且操作性强的文件界定了学术不端行为，规定了预审和正式调查的流程，对处罚措施进行了整合与阐释，这些政策文本对德国学术界的自律具有极大的推动作用。

德国科学界科研诚信政策体系处于不断的研究、增补和更新中。例如，2015年德国科学委员会出台了《科研诚信的建议》，对国内外科研诚信实践纲要的概况和核心措施进行了整理，并总结了建议，对科研诚信文化进行了系统、持续的加强。德国科学基金会国际委员会有外国科学家，大家从科研体制角度研究学术不端产生的原因。2013年，德国科学基金会对《确保良好的科学实践》进行修订，形成《确保良好的科学实践备忘录》，2016年对《学术不端的程序》进行了第三次修订，对学术不端的定义、审查制度等不断进行丰富。2019年，德国科学基金会在1988年的《关于保证良好学术实践的意见》基础上修订出台了《保证良好学术实践的指导守则》（简称《守则》），其中包含良好学术实践的标准、违反良好的学术实践和相关程序、指导规则的实施。

通过有权威影响力的机构加强对科学界的监督。德国科学基金会作为德国最大、最权威的学术资助机构，在《守则》中规定：高校和校外科研机构应设置独立的科研诚信申诉专员，专员应具有领导经验且学术诚实，在担任申诉专员期间不能同时在单位担任领导职务。德国科学基金会的组织性质为"协会"，尽管出台的条文不具有法律的强制力，但由于其权威的学术影响力，"不执行守则的单位不能获得资助"的威慑力也是巨大的。

　　除了德国国家科学基金会，高校联盟也作为学术团体在高校范围内推进学术自治。作为科研后备人才的培养地，高校的科研诚信文化培育受德国科学基金会的影响深远。《确保良好的科学实践备忘录》和《学术不端的程序》应用程度最高，还促进了各大学和研究机构完善自身的科研诚信制度体系。在德国科学基金会的建议下，德国高校校长联席会参照《确保良好的科学实践建议》制定了《应对学术不端的程序模型》，各高校在此基础上制定符合高校自身特点的治理规定，对于已经认定的学术不端行为，德国科学基金会不会干涉高校的处理程序，高校作为雇主可进行自治。

　　研究机构领导和学术带头人对于机构和团队内良好学术实践负主要的责任。德国科学基金会在 2013 年修订的《确保良好的科学实践备忘录》中强调工作团队遵循领导负责制。2015 年，德国科学委员会出台的《科研诚信的建议》中规定领导不仅要对科学事件有正确理解，还要推动整个团队对科学事件有正确理解。此外，领导也有义务营造良好的科学实践氛围。

（二）美国学术共同体的自律性

　　美国学术共同体的自律性表现为自主结社、自主运作、自我立法、自我约束。学术共同体是一个开放的学术讨论和批评空间，由会议、刊物和团体组成，在这个空间，学者是学术秩序的建设者、维护者和监督者。自主立法并不是通俗意义上的立法机关出台的体现国家意志力的"法律"，而是包括制定学术规范、学术标准、评价标准，形成学术伦理准则、惩罚机制，由学术共同体主导评价和惩罚的过程，既体现了长期以来的学术习惯和共识积淀，又具有成文法的明文特征和强制力。自我约束表现在：成员大都服从学术规范和专业标准，形成认同感和归属感，自主执行学术规范，维护学术秩序。成员基于信誉、良知和羞耻感对自身学术行为负责，并且学术共同体对违规成员可追责。

美国学术共同体与其他权力机构保持着既独立又合作的关系。首先，自主性的根本基础和保障是经济独立性，学术团体和刊物的经费主要依靠会员会费和其他募捐，不依赖政府拨款和个人捐款；与行政机构保持独立，团体成立需要法律注册，但不是经权力机构的批准才能成立；刊号是刊物连续出版所需的手续，但并不受刊号的限制；学者可自发地依托自身、学术团体或刊物召开学术会议。学术共同体与民间机构和管理部门也存在着合作关系，学术共同体对于科研成果的评价采取复合评价制度，对成果本身的评价由学术共同体制定标准和程序，并且在评价过程、公布和运用成果上占有主导地位。在以成果为指标的评价中，学术共同体离不开与其他民间机构的合作，由民间机构主持，而在事关资源和利益的分配上，与政府管理部门的合作又十分必要。

行政力量参与美国的学术不端治理这一点对我国也有借鉴意义。中国科技管理突出的特征是行政主导，这表明仅通过不再资助遏制学术不端行为的措施是不够的。美国学术不端定义体现了政府和机构的不同职责，最严重的不端行为需有政府介入，而一般的不端行为可由学术团体和科研机构自治。美国国家科学基金会的监察长办公室在调查学术不端行为时，一旦发现可能存在违反刑法或民法的可能，便会移交给司法部门处理。被调查者有申辩和举行听证的权利，既可以保护科研人员的权利，又在一定程度上避免了行政权力对科研的过度侵入。

权威机构为美国学术界的科研诚信建设提供专业服务。美国学术诚信中心是发展时间相对较长且具有较大影响力的学术诚信成员机构，其通过多种举措与成员单位一起推动科研诚信建设：建立区域联盟，为教育机构提供建立诚信教育体系的全过程服务，包括学术诚信的界定、评估和指导，开展诚信研讨会和年度会议等，通过会议、出版物和网站发布的方式与成员分享教育素材，促进成员之间的交流及对学术诚信认知的不断更新，其会员扩展到 6 个洲的多个国家教育机构。

专业学会对于抵制学术不端的角色也十分重要。美国历史学会是美国历史悠久、规模较大的学术组织，机构会员和个人会员数众多，在其治理学术不端行为的实践中发现，相比惩罚，更明确的教育对于制止学科内的不端行为更为有效，通过发布行业行为标准、开展讨论、开设课程和出版相关的研究文献等对历史学家、历史学科学生进行科研诚信教育。

美国高校将科研诚信教育作为高校教育的必要内容。美国高校将科研诚信作为学生守则中的一项重要内容，美国大学联合会提出：保证高标准的科研伦理和科研诚信水平是高校领导人的重要任务。多元主体共治模式是哥伦比亚大学和哈佛大学本科生科研诚信治理采取的模式，学生应知晓并承诺遵守科研诚信，行政部门负责处理学术不端行为，这一模式是学生自律模式、"荣誉章程"模式的改进，哈佛大学于 2014 年成立本科学院荣誉委员会，其成员包括本科生、教师、行政人员和助教。在学习方式上，美国于 20 世纪 80 年代兴起的服务性学习是可以借鉴的，即在学校和社区的服务活动中进行学习。

三、对我国学术共同体自律模式的启示

一是要加强对学生和职业生涯早期的青年科研人员的教育培养，提升他们对科学事业的热爱和推崇。一般意义上的道德规范问题是公共伦理问题，可以通过外在的规范和教育来改变，但对于科学上的问题是治标不治本的，学术规范的核心是研究者推崇和热爱他们所从事的科学事业，是一种更深层次的信仰，而不是简单的道德自律。在学校教育中，教材、课程要强调科研活动以兴趣为中心，强调探索自由、追求真理和学术自治；中国科协可与宣传部门合作，充分利用科学家博物馆资源，宣传科学家事迹，提升科学家公众形象；为青年科研人员提供稳定支持，减少社会功利文化的影响，保持其追求客观知识的初心。

二是通过教育促进共同体成员形成学术自律共识。高校要建立从本科生到博士生的科研诚信教育体系，开设诚信讨论课程，组织宣讲教育活动。高校和科研院所要注重对青年科研人员的科研诚信再教育，发挥导师和学术带头人的引导、监督及对诚信环境营造的作用。对于学术规范的学习最好的不是法条的学习，而是对案例的探讨和互动实践。国家自然科学基金委员会科研诚信建设办公室 2020 年发布了《学术不端行为典型案例及警示教育研究》项目申请指南，梳理、分类、分析国内外学术不端行为，特别是查处的科学基金学术不端行为，形成典型案例库和可视化宣传教育素材。这将会成为我国科研诚信建设非常好的教育素材。

三是不断完善学术自律的定义，将共识明文化。大多数学术规范并不是明文的，很多成员并不能意识到它的存在，直至其遭到破坏。对于学术规范或学术不端的定义，学术共同体内部成员有不同的理解、态度和容忍程度，所以将其明文化能够促成成员的一致性共识。完善的学术不端政策至少应包括 3 个方面：学术不端的定义、如何调查及如何治理。中国、韩国、澳大利亚和挪威一样对学术不端的定义是开放的，通常包含一个开放性的条款，这样可以为政策介入提供空间，灵活应对新出现的学术不端行为，但也会造成对学术不端治理的两极化，要么行政权力过度介入，要么由于过于宽泛而无法落实。所以在促进学术共同体内部对学术自律、科研诚信形成共识的过程中，要对具有广泛共识的学术不端的新形式进行增补和固定，不断完善学术界的"自我立法"。

四是发挥学术共同体各利益相关方的作用，形成学术自律的一致性行动。从美国和德国的经验可以看出，学术自律的共同体一致性行动包括学者个人研究过程中的自我守法，学术不端行为发生时的自我反省，学术共同体成员间的相互监督、检举、保护检举，学术共同体对学术不端行为的内部调查与惩治。研究者个人应在研究过程中保持自律，并不断学习新的科研诚信标准以反省自身；学术职业的专业性和学术不端行为的隐蔽性使得学术不端行为的发现、检举与鉴定十分依赖科学同行，因此，针对学术不端的行为，学者有义务向调查机构反映；由于学术界的"圈子"并不是很大，因此高校、科研院所和科研管理部门完善检举人保护和被检举人抗辩制度显得十分重要。学会作为同领域研究学者的结社，能够串联起不同的科研机构，促进其行动的一致性。学术刊物应在学科同行制定规范的基础上，拒绝刊登学术不端的稿件，披露学术不端行为，发布学术自律建设的最新共识。

五是完善他律机制，促进他律向自律的转化。默顿曾言：科学的诚实不取决于科学家个人的品德，而是受到制度方面的制约，即科学活动受到"在其他任何领域的活动所无法比拟的严格管制"。学术共同体的"自律"和"他律"的界限并不是泾渭分明的，根据康德的观点，他律对自律的形成具有非常重要的作用，没有他律，自律也无从谈起。他律通过对思维的塑造可以转化为自律。结合我国目前的学术管理特点和学术共同体发展水平来看，学术共同体的自律并不应完全排斥学者以外的力量的正向干预。当前学术规范不是学者个人和学术界内部的问题，而成了一个社会性的问题，它的治理也需要学术共同体之外的力量介入。因此对学术不端行为的无禁区、全覆盖、零容忍离不开法律法规的托底。中共中央办公厅、国务院办公厅制定的《关于进一步加强科研诚信建设的若干意见》《关于进一步弘扬科学家精神加强作风和学风建设的意见》构建了科技界学风、作风建设的战略布局和整体安排。科学技术部、教育部、国家自然科学基金委员会、中国工程院、中国科学院、中国科协等主要科研行政管理部门有责任在此基础上不断磋商，并完善我国的科研诚信法律法规体系。

参考文献

[1] 何宏莲，陈文晶."自律"与"他律"互动的学术诚信体系建设研究[J].黑龙江高教研究，2015（3）：72-75.

［2］杨文硕.高校学术不端现象的社会成因和多元治理［J］.廉政文化研究，2010（3）：71-76.

［3］赵万里.学术规范建设与学者的道德自律［J］.自然辩证法通讯，2000，22（4）：2-3.

［4］巫锐，姚金菊.德国学术不端问题内部治理机制研究［J］.中国高教研究，2019（11）：61-68.

［5］王飞.德国科学界应对学术不端行为的措施及启示［J］.长沙理工大学学报（社会科学版），2013，28（3）：32-36.

［6］王飞.德国学术不端治理体系建设的最新进展及启示［J］.中国高校科技，2017（5）：11-14.

［7］闫娟，陆荣展，杨云华.国外学术诚信保障体系建设经验及对我国的启示［J］.出版与印刷，2012（4）：15-17.

［8］陈洪捷.落实学术规范的"德国样本"［N］.中国科学报，2020-02-25（7）.

［9］李剑鸣.自律的学术共同体与合理的学术评价［J］.清华大学学报（哲学社会科学版），2014，29（4）：73-78.

［10］和鸿鹏，齐昆鹏，王聪.学术不端定义的国际比较研究：表现形式与界定方式［J］.自然辩证法研究，2020（5）：73-78.

［11］李安，王国骞，韩宇.美国国家科学基金会处理学术不端行为的法律程序［J］.中国基础科学，2010（1）：62-66.

［12］张妍，胡剑.美国国际学术诚信中心：历史、功能及启示［J］.高教探索，2016（7）：67-71.

［13］汪睿.美国大学生学术不端防治体系的特点及其启示［J］.重庆科技学院学报（社会科学版），2015，223（12）：61-64.

［14］黄育馥.美国专业人才的学术道德教育［J］.国外社会科学，2005（1）：67-72.

［15］张银霞.美国常春藤联盟高校本科生学术诚信治理模式研究［J］.比较教育研究，2016（9）：55-59.

［16］韩天琪.学术道德：根本在于回归科学本义［N］.中国科学报，2017-08-21（7）.

创新环境对青年科技工作者
创新绩效的影响研究

中国科协创新战略研究院　胡林元　徐　婕　邓大胜

摘要： 本文利用科技工作者职业发展调查数据研究了创新环境对青年科技工作者创新绩效的影响。研究发现，青年科技工作者表示面临的诸多工作困扰有：自己的工作水平有限（30.6%）、缺乏业务/学术交流（30.2%）、业务/科研活动时间不充足（28.4%）、职称/职务晋升难（25.7%）。85.6%的青年科技工作者认为自己"非常需要"或"比较需要"进修或学习，高于35～44岁（82.8%）、45～54岁（68.3%）、55岁及以上（52.6%）的科技工作者。研究还发现，创新环境、个人科研能力、是否有稳定的团队对创新绩效有正向影响，工作、生活压力对创新绩效有负向影响。所在单位创新环境越好，青年科技工作者的科研成果越丰富。有稳定科研团队的青年科技工作者的科研成果更多。没有压力的青年群体近3年平均论文发表数（3.12篇）、申报项目成功率（62%）和主持项目数（1.36项）比有压力的青年群体分别高0.11篇、8%和0.19项。基于以上分析，提出要进一步优化单位内部人才评价、激励制度，构建科学的管理机制；鼓励和支持建设稳定的科研团队，为青年科技工作者营造稳定的创新氛围。

关键词： 青年科技工作者；创新环境；创新绩效

一、引言

青年科技工作者处于科研创造力的黄金时期，他们精力旺盛、最具创新能力。如何有效激发青年科技人才的创新行为一直是社会热点问题。在实际工作和生活中，青年成才的难度和阻碍还很大。因此，深入探讨阻碍青年科技工作者创新行为的因素，为青年成才铺路搭桥，以便为科技创新注入源源不断的动力。需要说明的是，国家统计局将处于 15～34 岁的人界定为青年，本文沿用此定义。

2018 年，中国科协创新战略研究院调查统计中心依托中国科协科技工作者调查站点开展了题为"全国科技工作者职业发展状况调查"的抽样调查。本次调查依托全国 516 个调查站点开展，覆盖全国（除港澳台地区）31 个省（区、市）和新疆生产建设兵团，有效涵盖科研院所、高等院校、企业、医疗卫生机构和县域基层单位的科技工作者群体，共发放问卷 20161 份，有效问卷 18490 份，问卷回收率 91.7%。其中，男性样本占 52.4%，女性样本占 47.6%，平均年龄为 36.2 岁。本次调查采取随机抽样的方法，在调查实施过程中严格遵循社会调查规范，保证了调查的科学性、客观性和准确性，课题组根据第六次全国人口普查数据中各地区就业人员数量和受教育程度的情况对各省调查样本进行了权重调整。问卷内容主要分为测量被试者的人口统计学基本信息、工作经历和职业发展 3 块内容。

二、青年科技工作者工作和生活现状

一是青年科技工作者科研成果少，普遍期望参加进修或培训。调查数据显示，青年科技工作者近 3 年平均发表论文 3.0 篇，近 1 年平均参加学术会议 0.9 次，比发表论文数和参加学术会议次数最高的 55 岁及以上群体分别少 4.9 篇和 1.24 次。高等院校和科研院所中的青年科技工作者平均发表论文 3.5 篇、参加学术会议 1.2 次、获得省部级以上奖励 1.7 次，比其他 3 个群体的同期科研成果都少，且发表论文数、参加学术会议次数、获得省部级以上奖励次数比最高的 55 岁及以上群体分别少 6.7 篇、1.8 次和 0.1 次。数据统计还显示，85.6% 的青年科技工作者认为自己"非常需要"或"比较需要"进修或学习，高于 35～44 岁（82.8%）、45～54 岁（68.3%）、55 岁及以上（52.6%）的科技工作者。其中，高等院校中的青年科技工作者期望参加进修学习的比例最高，87.1% 的青年认为自己"非常需要"或"比较需要"进修或学习，仅有 2.6% 的青年科技工作者表示"不太需要"或"完全不需要"进修或学习。46.2% 的青年科技工作者近 1 年没有参加过单位组织或出资的业务／技术培训，分别比其他 3 个群体高 5.7%、7.8% 和 1.9%。

二是青年科技工作者科研活动参与率高，但在科研项目申请上缺乏竞争力，同时面临科研能力不足、业务／学术交流机会少、业务／科研活动时间不充足、职称／职务晋升难等问题。近 3 年来，青年科技工作者主持或从事过研究或开发项目的人占比为 30.3%，其中，高等院校青年科研人员占比最高，为 43.2%。相比于经验丰富、学术认可度较高的资深科研人员，青年科技人才通常面临着知名度不高、资历较浅的问题，在课题申请中缺乏竞争力。调查数据显示，近 3 年有申请项目经历的科技工作者中，青年群体申报成功率（申报成功数／申请项目数 ×100%）最低，为 50%，较 35～44 岁、45～54 岁、55 岁及以上群体分别低 10%、10% 和 20%。调查数据还显示，青年科技工作者表示面临的诸多问题中排在前四位的是自己的工作水平有限（30.6%）、缺乏业务／学术交流（30.2%）、业务／科研活动时间不充足（28.4%）、职称／职务晋升难（25.7%）。青年科技工作者在成长初期科研经验不足、业务能力低，且对自己的业务水平／能力的打分低，平均为 7.6 分；比其他 3 个群体分别低 0.5 分、0.8 分和 1.0 分。此外，青年群体中有 7.4%"经常或频繁"表示"很难有效解决工作中出现的问题"，比其他 3 个群体分别高 1.1%、2.2% 和 0.6%。

三是在工作目标上，青年科技工作者期盼能发挥专业技能；在职业追求上不是单纯的"个人利益至上"，而是"合理的个人利益"与"实现社会价值的理想主义精神"并存。调查结果显示，青年群体中有 21.6% 选择当前工作的首要原因是"能发挥专业技能"，同时在职业追求上最看重的 4 个方面分别是：收入待遇（43.0%）、个人兴趣/潜力发挥（22.1%）、对经济和产业发展的贡献/对社会发展的贡献/对科技发展的贡献（12.5%）、学术成就和声望（12.4%）。从青年科技工作者对"合理的个人利益"的看重及对"社会价值实现"的肯定可以看出，在现代社会的价值观念中，"合理的个人利益"与"社会价值实现"这两种在以往时期看似矛盾的价值观，在实际社会生活中并不冲突。

四是青年科技工作者面临收入低、工作忙不能照顾家庭、住房有困难、上下班交通不便等生活困难。调查数据显示，青年科技工作者在生活中面临的四大主要困难是：收入低（59.9%）、工作忙不能照顾家庭（30.6%）、住房有困难（30.0%）、上下班交通不便（21.7%）。事业单位中的青年群体反映生活中主要面临收入低（63.0%）、工作忙不能照顾家庭（33.9%）、住房有困难（35.7%）、上下班交通不便（23.2%）四大困难。

五是经济收入压力是青年科技工作者最大的压力来源。调查数据显示，青年群体中仅有 8.7% 认为自己"基本没有压力"，有 37.4% 认为"压力比较大"或"压力非常大"。相较于压力较小的 45～54 岁和 55 岁及以上群体，青年群体中表示"压力比较大"或"压力非常大"的比例分别高 0.9% 和 12.7%。同时，通过调查数据还发现，不同年龄段的科技工作者表示"压力比较大"或"压力非常大"的比例都在 1/3 以上，科技工作者整体的压力感明显。青年科技工作者的压力来源中，经济收入占比最高，为

42.5%；工作本身次之，为 39.3%；家庭生活和人际关系占比均低于 10%，分别为 8.9% 和 2.5%。

三、阻碍青年科技工作者创新成才的主要因素

一是单位内部的创新环境是影响青年科技工作者创新绩效的最直接因素。所在单位创新小环境越好，青年科技工作者的科研成果越丰富。调查数据显示，青年科技工作者中对"所在单位'四维'现象仍然突出"表示"不同意"的人的科研成果较多，近 3 年，人均发表论文数（4.14 篇）、参加学术会议数（1.30 次）、项目申报成功率（54%）、获得奖励数（1.33次）分别比表示"同意"的青年科技工作者群体高 0.59 篇、0.11 次、6% 和 0.96 次。青年科技工作者对"所在单位对人才引进的重视超过了对于自身人员的培育"表示"不同意"的科研成果较多，平均参加学术会议次数（1.37 次）、项目申报成功率（51%）、获得奖励数（0.44 次）分别比表示"同意"的青年科技工作者群体高 0.01 次、1% 和 0.06 次。

二是科研工作经验不足、科研基础不够厚实抑制了青年科技工作者的创新活动。青年科技工作者普遍起步艰难，在创新方向选择、科研活动组织开展、学术人脉网络建立等方面普遍经验不足，普遍期望参加继续培训 / 学习。数据显示，没参加过任何（单位组织 / 资助或自己付费）培训的青年科技工作者平均发表论文（2.9 篇）、参加学术会议（0.7 次）、获得奖励（0.3 次）、获得省部级及以上奖励（0.5 次）比参加过培训的青年科技工作者群体分别少 0.1 篇、0.4 次、0.3 次和 0.8 次。

三是处在一个稳定的科研团队能有效地正向预测青年科技工作者的创新绩效。调查发现，与没有稳定的科研团队的青年科技工作者相比，有稳定科研团队的青年科技工作者的科研成果较多。有稳定科研团队的青年科技工作者近 3 年平均发表的论文数（3.17 篇）、项目申报成功率

（57.0%）和获得的奖励数（0.58 项）比没有稳定科研团队的青年科技工作者群体分别高 0.63 篇、12.1% 和 0.4 项。在培训和进修学习的次数上，有稳定科研团队的青年科技工作者 2020 年获得的由单位出资 / 组织的业务 / 技能培训次数为 2.0 次，比没有稳定科研团队的青年科技工作者群体平均高 0.95 次。

四是工作、科研和生活上的压力对青年科技工作者的创新绩效有负向影响。在科研活动中，适度的职业压力能让科技工作者更加专注于工作、提高工作效率。一旦压力过高，会造成其职业倦怠，严重影响其工作效率，阻碍其积极性与创造性发挥。调查发现，压力越大，青年科技工作者的科研成果越少。统计结果显示，青年科技工作者中仅有 1.5% 认为自己"基本没有压力"，76.1% 的人认为"压力比较大"或"压力非常大"。没有压力的青年科技工作者群体近 3 年平均论文发表数（3.12 篇）、申报项目成功率（62%）和主持项目数（1.36 项）比有压力的青年科技工作者群体分别高 0.11 篇、8% 和 0.19 项。

四、政策建议

优化创新生态环境，破除青年科技工作者科研"痛点"，充分释放创新活力。

一是要进一步优化单位内部人才评价、科研激励制度，构建科学的管理机制，为青年科技工作者营造公平、公正的学术环境。完善的人才培养、评价和激励制度是激发青年科技工作者科研激情的动力。督促科研院所、高等院校、企业等对国家科技人才评价政策、科研激励政策的执行，彻底改变"功利化"的绩效评价机制，既可以使青年人才拥有良好的学术氛围、稳定的工作条件，促使青年人才原创性思维和成果的产生，还能使青年科技工作者多元化选择相应的职业发展渠道。各类科研机构还要正确处理人才引进与自身人才培养的关系，建立公开、平等、公正的用人机制。

二是要加大青年科技工作者参加继续教育或进修培训的机会，积极建立符合激励机制的终身培养体系。将青年科技工作者的培训与进修纳入日常工作规划，成为常态化工作、要求和考核条件；积极搭建高等院校、科研院所、企业等科研机构间交流与合作的平台，帮助青年科技工作者建立学术交流网络，获取新知识和新信息；邀请一些资深专家学者或行业佼佼者，以提供高质量的继续教育与进修培训。通过多种形式加强对青年科技工作者的培训，以满足广大青年科技工作者知识更新、科技推广和创新研发的现实需要，帮助其应对新知识和新环境的挑战。建立符合激励机制的培养政策，积极构建和完善科技工作者终身培养体系，尤其要为青年科技工作者提供有针对性的继续教育，积极促进人才成长，有目标、积极主动地从青年科技工作者队伍中培养学术带头人和科研骨干。

三是要鼓励建设稳定的科研团队，为青年科技工作者营造稳定的创新氛围。科研工作者相较于从事其他工作的人员来说，更需要一个相对独立且能使他们全身心投入的工作环境。稳定的科研团队有利于形成真正的学术交融氛围和环境，产生丰硕的科研成果。加强各学科、各类型的科研团队建设，鼓励和倡导青年科技工作者加入稳定的科研团队，在科研团队内建立起良好的"传、帮、带"机制和氛围，有助于青年科技工作者更快、更好地开展科研活动，创造科研成果。来自科研团队的扶持和协作对成长初期的青年科技工作者在稳定职业发展、确定研究方向和提高科研实力上有重要的积极影响。

四是加强对主要压力源的分析，从源头出发，有效减轻青年科技工作者的压力。应根据具体工作的重要性和难易程度进行合理的安排，缓解员工过多的压力，确保员工具有与岗位要求相适应的能力，并将员工的人力资源特点、职业类型和压力环境合理匹配；加强组织沟通、减少角色冲突、营造良好的组织氛围有助于促成员工的归属感与整体感；还可以实施身心健康方案，青年科技工作者应当及时地自我反省，通过对自身和压力源的剖析，适当减轻压力反应；有效管理时间，通过工作和时间的调整，使自身从过分紧张的状态恢复到乐观放松的状态；积极寻求支持，在面对较大压力时，可以通过寻求外部支持性途径来排解压力；加强与同事的交流互动，积极培养自身的沟通能力和社交能力；提高自我"免疫力"，调整心态，改变不良认知方式，培养合理膳食和运动调节等生活习惯。

参考文献

［1］李国栋，胡雅茹.我国科研人员薪酬与区域创新绩效互动关系检验［J］.财会月刊，2018（23）.

［2］郑小勇，楼鞅.科研团队创新绩效的影响因素及其作用机理研究［J］.科学学研究，2009（9）.

［3］顾远东，周文莉，彭纪生.组织创新支持感对员工创新行为的影响机制研究［J］.管理学报，2014（4）.

［4］任华亮，郑莹，张庆垒.工作幸福感对员工创新绩效的影响——工作价值观和工作自主性的双重调节［J］.财经论丛，2019（3）.

［5］中国教科文卫体工会，天津市科技工会.科技职工队伍的思想、工作及生活状况调查［J］.工会信息，2014（19）.

［6］宁甜甜，宋至刚.高校科技工作者政策感知水平对创新行为的影响研究——基于创新自我效能感与工作认同度的调节效应［J］.天津大学学报（社会科学版），2017（5）.

［7］白春礼.中科院青年科技队伍建设回顾与展望以及队伍建设若干问题的思考［J］.科学新闻，2001（46）.

［8］白慧文.青年科技工作者创新能力建设研究——以沈阳市8所高校为例［D］.沈阳：东北大学，2015.

［9］王友转.广东省青年科技人才发展现状及对策分析［J］.科技视界，2017（8）.

［10］高振，王帆.高校青年科技人才成长规律与培养措施研究［J］.中国成人教育，2018（1）.

［11］张培富，冯玉峰.山西科技工作者科研活动制约因素分析［J］.山西师范大学学报（社会科学版），2015（2）.

［12］刘晓燕.青年科技人才盼什么？［J］.中国人才，2014（8）.

科协组织营造创新文化氛围的路径探析

中国科协创新战略研究院　吕科伟

摘要： 创新文化是尊重知识、崇尚创造、追求卓越的文化，是孕育科技创新的土壤。中国科协面向建设世界科技强国的新征程，系统谋划，提出了到 2050 年建成世界科技创新文化高地的宏伟目标。科协组织须提升组织力，弘扬中国科学家精神，提升公民科学素质，增强科技工作者创新自信；搭建创新创业平台，推进学术交流，在创新创业实践中培育创新文化；推动落实创新创业政策，表彰奖励科技创新，激发科技工作者创新热情；反映科技工作者呼声建议，建设鼓励创新、宽容失败的制度环境；加强学风作风建设，严肃处理学术不端行为，营造风清气正的学术生态，以营造良好的创新文化氛围。

关键词： 创新文化；科协组织；路径

一、建设世界科技强国需要营造创新文化氛围

创新是一个民族进步的灵魂，是一个国家兴旺发达的不竭动力。创新文化是尊重知识、崇尚创造、追求卓越的文化，对创新具有导向和引领作用。创新文化是科技创新的内在动力，是国家科技竞争的软实力。推动科技创新、建设世界科技强国需要厚植创新沃土，培育良好的创新文化氛围。由于历史等因素，我国还存在一些不利于甚至阻碍科技创新的文化因素，如部分科技工作者有"等、靠、要"的思想，思想观念较为保守，缺乏创新精神；有些科技工作者存在创新意识淡薄、创新观念缺失的问题，

缺乏不畏强手、敢为人先的精神。时代要求我们必须把创新文化的价值追求融入民族的基本价值追求。

习近平总书记在中国科协第八次全国代表大会和中国科协第九次全国代表大会上，都要求广大科技工作者更加自觉、更加积极地弘扬创新文化，为建设创新型国家和世界科技强国作贡献。党的十九大报告明确提出要倡导创新文化。我们要营造鼓励探索、宽容失败、尊重个性、尊重创造的环境，使创新成为一种价值导向、一种生活方式、一种时代气息，形成浓郁的创新文化氛围。

二、科协组织应在营造创新氛围上有新作为

中国科协作为党领导下的人民团体、国家创新体系的重要组成部分，一直致力于创新工作模式、营造创新文化氛围、引领创新文化建设。近年来，科协组织普及科学知识、弘扬科学精神、传播科学思想、倡导科学方法，提倡学术民主，捍卫科学尊严，引领科技创新未来人才成长，围绕创新文化建设做了大量工作。

新时代，中国科协系统谋划，根据习近平总书记的指示精神，面向世界科技强国建设总目标，根据自身的工作职责，制定了全面提升创新文化引领能力的中长期发展规划，提出与建设世界科技强国相适宜的创新文化建设目标。提出了三步走的发展目标：到 2035 年，创新文化引领能力全面提升，理性质疑、求实求真、探索创新、包容失败的科学文化氛围基本形成；到 2050 年，建成世界科技创新文化高地，为中国成为世界主要科学中心和创新高地提供强力支撑。

三、营造创新文化氛围的路径探析

科协组织是创新文化建设的主力军，要推动创新文化与科技创新相互

促进、相得益彰，创新文化要形成品牌。面对宏伟目标，科协组织要发挥自身优势，倡导创新文化，进一步营造创新文化氛围，为建成世界科技强国勠力前行。

（一）弘扬科学家精神，提升公民科学素质，增强科技工作者创新自信

爱国、创新、求实、奉献、协同、育人的科学家精神是当前创新文化建设的核心内容。科协组织要大力弘扬科学家精神，更好地履行举旗帜、聚民心、育新人、兴文化、展形象的使命。科协组织要贯彻落实《关于进一步弘扬科学家精神加强作风和学风建设的意见》，推动"科学大师名校宣传工程"扩容增效，开展老科学家学术成长资料联合采集，面向全国开展科学家精神主题巡展、中国共产党领导下的科学家主题摄影展。以传承弘扬科学家精神为载体，在科技界掀起"弘扬爱国奋斗精神、建功立业新时代"热潮，引导广大科技工作者践行爱国奋斗精神。召开系列中国科学文化论坛，积极主动引领科学文化建设。讲述一线防疫抗疫生动故事，宣传"最美逆行者""最美科技工作者"。推动主流媒体和科协所属报刊网大力宣传爱国报国、为党和人民事业作出突出贡献的优秀科技人才，塑造科技界的模范先锋，展现其无私奉献的胸怀与担当，在广大科技工作者中大力弘扬爱国奉献精神，激发他们的报国之志。

科学普及是创新文化建设的重要内容，需要着力提高全民科学文化素质和创新意识。科学普及作为科协组织的基业，需要深化全民科学素质行动、创新工作模式、繁荣科普创作。青少年是祖国的未来和希望，提出通过开展丰富多彩的活动激发其科学梦想。开展校内外融合的青少年科技教育活动，激发青少年科学兴趣，激励青少年树立科学梦想。提出推动把科学精神、创新思维、创造能力和社会责任感的培养更好地贯穿教育全过程，培育青少年科学思维，提高青少年对周围世界的科学认知和创新实践

能力。办好青少年科技教育品牌活动，激发青少年科学创新梦想。通过"明天小小科学家""英才计划"等科技创新后备人才培养活动提质增效，激励青少年学习科学知识。

创新自信是建设世界科技强国的必要条件。当前，国内还存在创新不够自信的情况。科研上的不自信体现在科技工作者做事畏首畏尾、只会照抄照搬，这不利于开拓创新，更不利于建设世界科技强国。如重要的科学实验因为发达国家还没开展而迟迟不敢应用试验；在论文期刊方面，中国自然科学各个领域论文发表数量、总被引篇次和高被引论文的数量屡创新高，但是其中大部分高被引论文却都是在海外科技期刊上发表的，鲜有在国内科技期刊上发表的。在评价标准方面，借鉴国外标准过度强调论文数量，间接促成论文灌水及造假：施普林格出版集团撤销《肿瘤生物学》刊登的107篇中国论文，原因是这些论文的作者编造了审稿人和同行评审意见。国内大学科研方向围着欧美高校设定的指挥棒转，中国学者做出了符合世界级水准的学问却无法解答本土社会亟须解决的问题，这些都对我国高等教育构成了困扰和挑战。借鉴苏联建立的科研布局及资源分配模式改革推进缓慢等。

是时候增强科研自信，追求有自身特色、有独创性、能呼应自己社会需求的学术研究了。中华人民共和国成立70多年来取得的科技成就证明，在科学上，外国人能做到的中国人也行。中国科协"老科学家学术成长资料采集工程项目"展示的资料可见我国科技工作者所取得的光辉成就和其拳拳爱国之心。科协组织需要深入实施"共和国的脊梁"——科学大师名校宣传工程，探索开展"追梦身影"——新时代创新先锋宣传工程，打造高校思想政治教育新名片，推动科学家精神进校园、进课堂、进教材，增强科研人员创新自信。

（二）搭建创新创业平台，推进学术交流，在创新创业实践中培育创新文化

科协组织要把强"三性"寓于建"三型"组织之中，搭建并拓展科技

工作者创新创业创造的服务平台，以发挥科技工作者作为先进生产力开拓者的作用，推动自主创新、协同创新、开放创新。着力打造"科创中国"品牌，搭建科技经济融通平台，会聚创新主体，培育尊重知识、崇尚创造、追求卓越的创新文化，让更多创新者梦想成真。

搭建高端学术交流平台。科协组织要注重学术交流的高水平，提出瞄准学科前沿、学科交叉领域，聚焦科技产业发展重点关键领域，搭建系列高端学术交流平台，发起重大议题，发布世界科技前沿进展，预测学科发展趋势，引导科技工作者围绕疫苗研发、公共卫生、应急管理等方面的突出问题开展高端跨界交流。推动国际科技交流合作，举办高层次科学论坛，汇集全球智慧，策源创新思想。推动一批全国学会（学会联合体）打造国际高端会议品牌，联合地方政府打造一批综合性高端学术会议。地方科协举办服务地方经济发展的"政产学研用"学术论坛。

营造创新生态，系统谋划一流科技期刊建设。科协组织要把握科技期刊传承人类文明、荟萃科学发现、引领科技发展的战略定位，引导国内科技期刊坚持以价值导向办刊，在谋划科技期刊发展中彰显科协作为。贯彻落实《关于深化改革培育世界一流科技期刊的意见》，全力打造领军科技期刊，深入实施"中国科技期刊卓越行动计划"，支持科技期刊学术水平和国际影响力进一步提升。

（三）推动落实创新创业政策，表彰奖励科技创新，激发科技工作者创新热情

创新需要开放的科研机制、公平竞争的资助机制、公平的科技评价机制及共享机制。科协组织要推动落实好党中央和有关部门激励科技创新的政策，让更多的科研人员享受到政策红利，把政策用足、用透，激发科研人员创新的积极性。做好"双创"评估工作，使整个社会文化能够为新知识的持续创造与创造性使用提供全方位的文化支撑，促使尊重创新、鼓励

创新的文化氛围和相应的文化制度的形成。

科协组织要做好表彰奖励工作，服务科技工作者的价值实现。组织好全国创新争先奖、全国杰出工程师奖、中国青年科技奖等评选表彰。同时，推动更好地保护科技工作者的劳动成果，强化知识产权创造、保护、运用。

（四）反映科技工作者呼声建议，建设鼓励创新、宽容失败的制度环境

体现科协组织的群众性。科协组织要围绕科技工作者的所忧所盼开展专项调查，做一批实事。当好党和政府联系科技工作者的桥梁和纽带，反映科技工作者呼声建议。特别是在科技人才评价方面，加强调研，完善学术评价体系，服务科技人才成长。

倡导鼓励创新、宽容失败的制度环境。在科学研究中，很多失败的经历十分宝贵，其为今后的探索奠定了基础，可避免再走弯路，而科学技术活动的高风险性也要求对有原因的科研失败给予理解、宽容和保护。中国传统文化中以成败论英雄的思维惯性使我们对成功的景仰足够多，而对失败的雅量相对少，整个社会评价系统的价值倾斜造成了人们普遍畏惧失败，因此需要将"宽容失败"与"崇尚创新"提到同等重要的层面，因为只要创新就有可能面临失败，只有给失败留有余地，才有人敢于去冒险创新。在改革和探索中，我们固然要为成功者鼓掌，但更要理解和宽容失败者，向他们投去欣赏和鼓励的目光。在全社会形成允许试错、宽容失败的氛围，就会有更多的人义无反顾地去思、去闯、去干，使创造活力得以充分展现，使创新成果如泉水般源源不断。

（五）加强学风作风建设，严肃处理学术不端行为，营造风清气正的学术生态

这些年，尽管各部门出台的加强学风建设的文件有很多，但学术不

端、科研造假现象仍层出不穷。因此要切实把习近平总书记关于学风建设的重要指示转化为行动遵循，涵养优良学风作风，让科学理性在全社会蔚然成风。继续办好全国科学道德和学风建设宣讲教育报告会，联合高等院校、科研院所开展优良学风传承行动。

科协组织要充分发挥学术共同体的自律自净功能，积极开展科研活动行为规范制定、诚信教育引导、诚信案件调查认定、科研诚信理论研究等工作，实现自我规范、自我管理、自我净化。须特别加强科研诚信管理，营造风清气正的学风。推动各学会组织尽快建立起具有良好专业背景的队伍，主动发现学术诚信方面问题，形成有效的预警机制，对学术不诚信行为进行监管。

科协组织要加强科技舆情引导和动态监测，建立重大科技事件应急响应机制，抵制伪科学和歪曲、不实、不严谨的科技报道，塑造科技界在社会公众中的良好形象。

营造创新文化氛围、建成世界科技创新文化高地的蓝图已经绘就，科协组织要提升组织力，扎实推进相关工作，全面提升创新文化引领能力，为建成世界科技创新文化高地而接续奋斗。

参考文献

［1］任福君. 面向 2035 的中国创新文化与创新生态建设的几点思考［J］. 中国科技论坛，2020（5）：1-3.

［2］贾佳. 科创中心要有创新文化［N］. 学习时报，2019-07-17（6）.

［3］高锡荣，吴少飞，柯俊. 中国创新文化之短板现象成因分析［J］. 中国科技论坛，2017（7）：97-104.

［4］李志红，陈佳伟. 我国创新文化建设问题分析［J］. 中国高新科技，2017，1（1）：37-38.

重庆市科协科技社团党建工作调研报告

重庆市科学技术协会科技社团党委调研组

摘要： 习近平总书记强调："社会组织面大量广，加强社会组织党的建设十分重要。"2020年4月，习近平总书记在重庆考察时强调："要破解难点问题，推动行业协会党的组织建设抓紧破题，尽快填补空白、强化功能、发挥作用。"为推动重庆市科协科技社团党建工作真正破题，重庆市委第三巡视组利用巡视重庆市科协的契机，会同重庆市科协组建专题调研组，采取召开科技社团负责人、党支部书记、法人代表座谈会，深入重庆市风景园林学会、重庆市工程师协会等单位，面向党员开展问卷调查，深入开展党建破题调研，形成专题调研报告。

关键词： 科技社团；党建工作；调研报告

一、主要做法及成效

近年来，特别是2016年科协深化改革以来，重庆市科协科技社团党委在重庆市委非公办和重庆市科协党组的领导下，着力建机制促规范、补短板强弱项，党建工作不断取得进步。2017年5月，时任重庆市委副书记唐良智对《关于加强科技社团党建工作情况的报告》作出批示："认识到位，工作到位，建设到位，效果显著。望继续努力，开创科技社团党建工作新局面。"2018年2月，中国科协改革工作办公室向全国科协系统书面印发了重庆市科技社团党建工作典型经验材料。2019年，《坚持守正创新着力真正破题》在重庆市委办公厅《工作情况交流》刊发。

（一）理顺体制机制，党的领导全面加强

2013 年 11 月，经当时中共重庆市委"两新"工委批复，重庆市科协在全国省级科协中率先成立科技社团党委。建立重庆市科协党组牵头抓总、机关党委与科技社团党委分线作战的党建工作架构，确保党建工作落到实处。始终把政治建设摆在首位，把党的建设内容载入科技社团章程，从制度上确保科技社团始终在党的领导下积极主动、独立负责、协调一致开展工作，更有效地引领广大科技工作者听党话、跟党走。落实意识形态工作责任制，切实加强论坛、讲座、报告会等备案管理，确保科技社团始终坚持正确的政治方向。

（二）强化顶层设计，指导管理日趋规范

发布《关于进一步加强科技社团党建工作的意见》《关于加强市级学会党的建设工作实施方案》等，推动党建工作制度化、规范化、科学化。重庆市委非公办每年拨付党建工作专项经费 40 万元，重庆市科协每年安排党建工作专项经费 20 万元，建立党建资源共享机制，基层党支部基本实现"六有"。建立党建工作与科技社团登记同步、年检同步、考核同步、评估同步的"四同步"工作机制，每年开展党支部书记述职评议，党建工作在科技社团年度考核中占比 20%，考核结果与科技社团评先评优、项目支持直接挂钩，党建工作抓手更实。

（三）落实"两个覆盖"，学会治理提档升级

在重庆市科协主管的 130 个市级学会中建立 117 个党支部，对未建立党支部的科技社团选派了党建指导员。制定出台科技社团党委和党支部工作规范，统一党支部工作手册，确保党建工作有章有法、全程可查、落

地落实。选优、配强党支部书记，举办党务干部专题培训班，成立党建强会示范联合体，创新形式开展支部活动，实现了党的组织和党的工作全覆盖。大力实施党建强会、"五化"建设等，举办高水平学术交流活动，有序承接政府转移职能，积极助力脱贫攻坚、乡村振兴、城市提升、创新中心建设等工作，学会治理体系和治理能力不断提升。

二、存在问题及表现

重庆的科技社团所在地域分布广泛、人员分散，且大多数没有实体秘书处，这是制约党建工作的根源所在。大部分科技社团党组织都是在 2017 年集中建立的，党建工作基础十分薄弱，对标党中央和重庆市委要求，依然任重道远。存在的问题主要体现在以下 4 个方面。

（一）党建工作发展不平衡不充分

在全市科技社团党组织中，约有 60% 具备较好的工作基础，能够正常开展组织生活；约有 20% 对党建工作的极端重要性认识不足，普遍存在重"建党组织"而轻"党建工作"和"要我建"而不是"我要建"的现象。通过调研发现，部分科技社团负责人认为科技社团发展好了才能抓好党建，本末倒置，忽视了党的政治功能和服务功能。部分科技社团只是建立了党组织，但对党组织如何开展工作、如何发挥作用并不清楚，存在"有组织无活动、有活动无质量"的问题。

（二）功能型特设党支部作用发挥有待加强

功能型特设党支部针对的是有党员但因其为兼职不便转入组织关系的社会组织，因此采取"党员组织关系一方隶属、参加多重组织生活"的方式设立的党组织。重庆市科协在推动科技社团党建工作过程中按照这一模式和经验，在主管的 130 个市级学会成立了 117 个功能型特设党支部。调研发现，部分科技社团负责人对功能型特设党支部的功能定位、职责任务不够清楚，特别是对不承担发展党员职责不够理解和支持，在功能型特设党支部向实体党支部发展方面思考不多，组织机构涣散、作用难以发挥的问题仍比较突出。

（三）党建工作特点和规律探索不够

缺乏对新时代党建工作的理论性研究，调研成果转化率不高，创造性开展党建工作的举措不多。部分党支部仅局限于完成规定动作、缺乏自选动作，党建工作难以出新出彩。部分党支部书记不能准确把握党支部的特点，在如何创新工作载体、探索党建新方法方面缺乏主动思考和实践，办法不多、措施不力。部分党员作用发挥不充分，党员归属感、责任感不强。

（四）党建工作基础薄弱

调研发现，74% 的科技社团党支部书记由秘书处工作人员担任，科技社团只在秘书处层面建立了党支部，理事会层面党员未全部吸纳，参与重大决策和政治把关不够有力、有效。部分党支部书记是学术专业领域科技工作者，对党建业务知识了解少，投入精力有限。少数无挂靠单位或脱离挂靠单位的科技社团发展业务的能力不足，处于休眠状态，党建工作保障难度大。部分科技社团与行政机关脱钩后承接政府职能转移做得不好，仅靠业务主管单位划拨的运行经费无法保证党建工作开展。

三、工作建议及对策

加强科技社团党建工作既是党中央交给科协及所属科技社团的重要政

治任务，也是科技社团持续健康发展、充分发挥作用的必然要求。推动科技社团党建破题，必须坚持问题导向，深刻把握工作规律，做到分类精准施策，全面落实党建主体责任。

（一）聚焦关键少数，狠抓思想转变

科技社团党委要抓住科技社团负责人、党支部书记、党务工作者等"关键少数"，深入持续开展政治教育，让他们深刻认识到加强科技社团党建工作是党中央的指示和重庆市委的要求，是必须履行的政治责任，也是科技社团发展的重要保障。要强化、细化、清单化党支部书记履行党建工作第一责任人职责，压紧、压实党建责任，充分激发他们对党建工作的热情和主动性，变"不理解"为"想得通"，变"被动抓"为"主动抓"。

（二）聚焦职责任务，狠抓规范化建设

在重庆市委非公办层面，按照"填补空白、强化功能、发挥作用"的要求，在借鉴湖南省社会组织功能型党支部规范化建设的做法基础上，加强对功能型特设党支部内涵外延的研究，厘清功能型特设党支部职责任务，尽快研究制定重庆市社会组织功能型特设党支部规范建设标准。在科技社团党委层面，按照职责任务，结合政治引领、意识形态管控、"三重一大"事项决策及党员亮身份做表率等，制定基层党支部工作细则和操作手册，解决党建工作"怎么抓、抓什么"的问题，并指导条件成熟的科技社团功能型特设党支部转为实体党支部。在科技社团党支部层面，对照重庆市委非公办和科技社团党委要求，细化分解工作职责任务，做到"一会一策"特色鲜明，充分发挥党组织的政治功能和服务功能。

（三）聚焦方式方法，狠抓工作创新

一是探索创新基层党组织的设置方式。坚持"应建尽建、便于管理"

的原则，探索"主管式、属地式、属业式"设置方式，不搞"一刀切"全由科技社团党委管理，对有支撑单位且理事长、秘书处人员全为支撑单位机关工作人员的科技社团党支部，应按便于管理的原则归口隶属支撑单位管理，如重庆烟草学会、重庆气象学会。二是探索组建实体型党支部。在科技社团党办成立实体型党支部，将科技社团党委委员、党办党员及部分党务工作者吸纳进来，切实解决发展党员的问题；动员离退休党员将党组织关系转入科技社团党支部，建立实体型党支部，如重庆市煤炭学会党支部。三是探索建立功能型特设党委。探索在会员单位和党员较多的科技社团建立理事会层面的功能型特设党委，充分发挥其政治核心和政治引领作用，加强党对科技社团的领导，如重庆市预防医学会。四是探索建立科技社团党建智库。依托重庆市委党校、重庆市内高等院校等机构成立科技社团党建智库，围绕新时代党建工作的特点和规律加强理论研究，指导解决实际工作中的困难和问题，推动党建工作更加规范化、科学化。五是探索党建会建融合机制。坚持把党的领导、团结联系服务群众和依法依章独立自主开展活动有机结合起来，推进学会治理体系和治理能力现代化；探索建立党支部议事清单，支持科技社团党支部在科技社团重大事项和重要决策中发挥把方向、管大局、保落实的作用，引导科技社团围绕中心服务大局，推动党建会建协调发展、同频共振。六是探索科技社团党办设置方式。积极争取单设科技社团党办，不再与学会学术部合署办公。参照市级社会组织综合党委专职副书记正处配备标准，争取升格科技社团专职副书记职级，配备1~2名专职工作人员。

（四）聚焦常态建设，狠抓基础保障

一是健全党建人才保障体系，解决党建工作"有人抓"的问题。采取"双向进入，交叉任职"的方式选优配强党支部书记，充实壮大党务工作者队伍，加大党务工作者教育培训力度，建立党务工作者激励机制，根据业绩给予党组织书记和专职党务工作者适当工作津贴，确保党务工作者干事有平台、待遇有保障。二是加大党建工作经费投入，解决党建工作"无经费"的问题。重庆市委非公办和重庆市科协党组要加大对党建工作的经费投入，探索以项目形式支持科技社团党建经费；各科技社团要单列党建工作经费，确保有预算、有明细、有绩效。三是有效整合资源，解决党建工作"有阵地"的问题。采取有条件的单建阵地、与挂靠单位共用阵地、地域相邻的共建阵地等方式，实现科技社团党支部阵地全覆盖，确保党建活动正常开展。

加强科学普及

推动突发公共卫生事件区域应急科普的实践探索与思考

重庆大学医学院　罗　阳

摘要： 新冠肺炎疫情席卷全球，严重危害人类健康。而此类突发公共卫生事件具有突发性、复杂性、危害严重性等特征，常因公众所获取信息与认知不对称而造成社会恐慌。因此，优质的应急科普内容及平台对突发公共卫生事件的预防与控制至关重要。在本次新冠肺炎疫情区域应急科普开展过程中虽取得一定成效，但也暴露出些许问题。本文就应急科普实践中存在的问题进行总结分析，从应急科普体制机制、应急科普形式内容、应急科普保障支持方面探讨高效推动突发公共卫生事件区域应急科普的策略，以期构建优质应急科普平台，为防控突发公共卫生事件助力。

关键词： 应急科普；突发公共卫生事件；实践探索

自 2019 年 12 月以来，新冠肺炎疫情迅速蔓延，感染人数持续增加，危害全球。2020 年 3 月，世界卫生组织宣布新型冠状病毒感染的肺炎（COVID-19）为全球大流行病。而类似 COVID-19 的突发公共卫生事件的主要特征包括突发性、复杂性、波及广泛性、危害严重性等，是对国家面对重大突发公共卫生事件的紧急组织协调能力、突发医疗救治能力、重大科研攻关能力及疫情应急科普能力的严峻考验。

随着确诊患者和疑似病例增加，受新冠肺炎疫情影响的省份和国家越来越多，这引起了公众对被新型冠状病毒感染的担忧。虚假和错误信息的传播进一步加剧了公众的恐慌，甚至导致部分人群出现应激心理障碍。北京大学陆林院士在《柳叶刀》发文揭示新型冠状病毒会引起公众恐慌和心理健康压力，需积极应对。而科普作为专业知识与普通公众之间的桥梁，在突发公共卫生事件中尤为重要。新冠肺炎疫情发生以来，在重庆市沙坪坝区政府各级相关部门的统一组织协调下，在沙坪坝区科协的大力推动下，重庆大学医学院开展了多种形式的线上线下科普工作，为疫情防控、应急科普与社会舆论的稳定作出了重要贡献，但在此过程中也暴露了不少问题。为更好地推动区域应急科普体系构建，本文就应急科普实践中存在的问题进行总结分析，探讨高效推动突发公共卫生事件区域应急科普工作的策略。

一、新冠肺炎疫情期间区域疫情应急科普的问题与不足

（一）科普机制方面

1.应急科普平台的协调管理较为混乱

当前，针对新冠肺炎疫情的应急科普工作的主要责任者是沙坪坝区党委领导下的科协组织，但政府部门也在做，有的社会组织和企业也在做。当然，有些企业行为不属于公益性宣传和普及。这种格局在现行体制下有其合理性的一面，但如何整合整个沙坪坝区的科普资源，杜绝"九龙治水"的乱象显得尤为重要。

2.针对突发公共卫生事件的触发、响应、介入机制路径不明确

制作科普内容、扩大传播网络、触及目标受众是常规科普实践工作的一般思路，但应急科普有所不同。应急科普是应危急需求，首要目的不是传播知识，而是在应对突发公共卫生事件时嵌入区域治理体系，让科学传播及时有效地支撑起科学决策及社会行动。由于缺乏这种基于科学传播的科普行动观念导致目前区域疫情应急科普工作视野稍显狭窄、机制单薄且

滞后。

（二）科普内容方面

1. 内容缺乏针对性

新冠肺炎疫情期间，区域疫情应急科普内容的针对性较差的问题较为突出，从不同程度上影响了科普的实际效果。例如，农村居民和社区居民，中小学学生、高校本专科学生、研究生及以上高学历人群、机关事业单位人员、民营企业社会人员，受专业知识结构和学历层次影响，其科普需求存在明显差异，若以同样内容的科普知识面向以上所有人群进行宣传，必然会造成科普资源的浪费且效率低下。因此，如何进行差异化科普内容规划值得科普工作者深思。

2. 对公众心理干预内容的重视程度不够

新冠肺炎疫情期间，媒体报道多集中在疫情的严重性、防护工作的必要性等内容上，对公众恐慌心理的换位思考和心理干预做得不够。从口罩抢购"一罩难求"到双黄连药品的脱销，都体现了公众在特殊时期无助茫然的心理状态和行为表现。特殊时期的公众心理如果不能得到真正科学信息的有效引导，就会影响疫情防控的整体布局。

3. 对科学思想和科学精神的传播与引导不足

当前区域疫情应急科普呈现出以"干货知识"为科普重心的特点。应急科普中传递的信息多停留在"是什么"的层面，在"为什么"和"怎么看"等深层次问题的解答上较欠缺，叙述方式呈现"规劝性科普"，传播效果上启迪作用很有限。科学精神包括怀疑精神、实证主义、逻辑思维、辩证思维等，疫情应急科普传递的科学知识"干货"或许能够在短时间内被公众接收，但如果缺乏上述科学精神作为价值观支撑，从长远来看，公众对科学知识或许只能被动接受，而主动寻求、理性思考、客观分辨的能力依旧缺失，"谣言快于科学"的现象仍有可能上演。

（三）科普能力方面

1.基层应急科普服务能力亟待提高与创新

目前，发达国家公民的科学素养一般都在 15%～20%，而我国仅为 10.56%。针对我国的这一基本国情，区域应急科普的重点和难点在基层农村和基层街道。新冠肺炎疫情一旦在基层蔓延，将带来严重的后果。目前，不少乡镇（街道）还没成立科协组织，一个乡镇（街道）仅有一名科协专干负责科协工作，客观上造成了专干不干的问题。

2.面对疫情，科学缺乏对信源和渠道的有效引导

在应急科普工作中，由于缺乏应急领域的专业知识，普通科普从业者有时会对稿件内容的科学性缺乏准确判断，对科学术语的专业表达理解不足。在专业性很强的应急科普中，普通科普从业者对权威专家作为信源的依赖性过强，在权威机构、权威专家发布信息和观点时，倾向于全盘接受。这些导致一旦权威信源传播的事实有误或专业术语表达不够明确，其报道就会犯错或误导公众。

二、推动突发公共卫生事件区域应急科普的策略建议及实践探索

（一）体制机制方面

1.构建媒体把关制度，加大媒体行业与科普行业的合作力度

构建媒体把关制度是在突发公共卫生事件中应急科普保证积极向上舆论导向的必要手段。当前，媒体科普专业人才的匮乏、科普内容的混乱已经在一定程度上引起了公众的反感，因此必然会影响应急科普的公信力。对此，沙坪坝区的区域媒体行业和自媒体工作者应该与专业的科普行业、科协组织、科普网站（果壳网）、微信科普公众号（科普中国）、

相关领域的专业学术委员会（重庆市科青联实验医学专委会）加强合作，尽快构建起区域媒体把关制度，将公益性、普及性、专业性等要求作为制度的"门槛"，以培养、任用科普和媒体综合性人才为重点，注重科普的专业性和权威性，使应急科普在突发公共卫生事件中发挥更大的作用。值得一提的是，在新冠肺炎疫情期间，重庆市科青联实验医学专委会相关领域专家到工商银行网点举办了"暖心行动、致敬最美白衣天使"防疫科普讲座；同时，相关领域专业人员成立科普工作室，利用网站、微信公众号等宣传新冠肺炎疫情应急科普知识。科技工作者、科普工作者通过多种方式与媒体平台积极合作，或通过自媒体进行有效的应急科普。

2. 发挥科学共同体作用，组织好权威科学家发声

在突发公共卫生事件舆情引导下，应充分发挥区域内外权威专家的舆情"稳定阀"和"定心针"功能。就区域内公众关心的重点和期待公众注意的重点精心组织安排，通过区域内外权威且在公众中有强大公信力和影响力的科学家发声，传播科学知识，消除公共疑惑。值得一提的是，在我国疫情防控中，钟南山院士作为权威科学家的代表、张文宏医生作为专家都充分运用自己扎实的专业功底和较强的社会影响力为公众释疑解惑，给公众吃"定心丸"。这样的权威科学主频道效应在沙坪坝区的应急科普中也有实践，如重庆市科青联实验医学专委会在新冠肺炎疫情中，与重庆大学科协、沙坪坝区科协共同主办了十余期"遏制新冠、科学防控"科普直播，先后邀请了重庆大学附属肿瘤医院中医肿瘤科主任蒋参、重庆大学公共卫生科科长贾红莲、重庆大学生物工程学院教授钟莉、重庆邮电大学教授徐光侠等做专题讲座十余次，为超过50万名公众提供了健康科普服务，有效地组织了相关领域专家集体发声，助力应急科普，较好地发挥了科学共同体的作用。

（二）形式内容方面

1.传播形式可以更加视觉化，行文风格应当更加平民化

研究显示，以图片为科普信息载体的科普形式是应急科普中更加有效的宣传形式，将视频和融合形式考虑在内，以新媒体或其他新的视觉呈现手段为主要科普信息载体应当成为应急科普的新特征。视觉手段在科普中具有得天独厚的优势，预示着科普内容生产应当有视觉化的转向。有研究者在探讨基于微信公众号的新媒体平台科学传播效果时指出，新媒体平台科学传播方式相较于传统媒体的变化在于：其更考虑受众的知识水平，行文风格更加平民化、个性化，同时更加注重应用可视化的手段呈现内容。新冠肺炎疫情期间，重庆市科青联实验医学专委会协办了重庆科技馆"超级病毒"临时展览，展览免费向广大市民开放，介绍了病毒家族、新型冠状病毒和疫情防护等科普内容，展览还展出了公众感兴趣的核酸检测试剂，即一种新型冠状病毒超敏核酸检测试剂盒，生动形象地将抽象信息向公众进行可视化的呈现，使公众更易接受和吸收科普信息。

2.细分区域内应急科普受众，"量体裁衣"提高科普实践效果

研究显示，不同年龄段的公众获取新冠肺炎疫情信息的首要渠道通常是主流媒体，说明信源的公信力和影响力至关重要。如不同学历层次的公众，大专学历的公众较为信任市场化媒体，而研究生及以上学历的公众则更信赖垂直领域权威自媒体，这说明知识层次在一定程度上会影响公众的信源媒体选择。而从应急科普关注层面来看，男性群体与女性群体存在差异，男性更看重应急科普的形式，女性则更关注应急科普的行文风格。从应急科普公众评价角度看，青少年和老年对应急科普比较满意，青年和中年则表达了更多的期待。我们可以根据区域内公众的实际情况有针对性地施行"量体裁衣"式科普，同时对公众心理和公众意见诉求更加重视，这样有助于满足公众分层级化、分领域化诉求，从而取得更加显著的科普实

践成果。

（三）保障支持方面

1. 推动区域应急科普能力培训常态化

新冠肺炎疫情期间，努力推动区域应急科普能力培训常态化，培训成员包括沙坪坝区应急管理指挥部成员、区域内科学家团队、区域内媒体从业者等。培训内容包括应急事件中的危机预见与处理、科学家在应急科普时的话术、媒体在应急科普时的"非常规"审稿流程等。培训时将曾经遇到的及未来可能遇到的突发公共卫生事件进行梳理和演练，将经验性的内容进行总结。如通过疫情防控中的媒体传播可以发现，在不熟悉的新生事物或突发公共卫生事件面前，专家有时掌握的信息也是阶段性的，具有不确定性，这时专家在发布信息时的措辞要更加严谨，语言表述应适当留有余地，以免出现事实上的"反转"时宣传过于被动。通过日常培训让参与应急科普的各相关领域人员在面对重大突发事件时心理有防备、应对知识上有储备、应对机制上有准备、应急宣传上有保障，从而让应急科普工作更有效。

2. 区域内常设应急科普专家团队，做"前置"科普

应急科普不同于一般科普，它具有更强的专业性和更加严格的时效性，在沙坪坝区的突发公共卫生事件应急管理指挥部，建议专门设立一个以突发事件领域的科学家为核心，会聚科学传播、科学教育、风险传播、基层科普等领域优秀人才的多层次应急科普专家团队。当重大公共卫生事件突然发生时，这个应急科普团队直接服务于事件协助应急指挥部，在应急类信息面向公众公开发布前，应急科普专家团队参与内容把关，并从科普角度预先提出建议。对于公众不易理解的知识点提前做好科普预处理，供信息发布者在信息公开发布时进行同步解读，做到"前置"科普，减少公众误解。

参考文献

［1］BAO Y, SUN Y, MENG S, et al. 2019-nCoV epidemic：address mental health care to empower society. Lancet, 2020, 395（10224）：e37-e38.

［2］施超. 加快科普创新步伐　打赢疫情防控阻击战［N］. 2020-02-19（A02）.

［3］王艳丽, 王黎明, 胡俊平, 等. 新冠肺炎疫情防控中的应急科普观察与思考［J］. 中国记者, 2020（5）：62-66.

［4］杨家英, 王明. 我国应急科普工作体系建设初探——基于新冠肺炎疫情应急科普实践的思考［J］. 科普研究, 2020, 15（1）：32-40, 105, 106.

［5］周晓林. 从抗击新冠肺炎疫情看中国心理学的发展［J］. 科技导报, 2020, 38（10）：54-55.

［6］尚甲, 郑念. 新冠肺炎疫情中主流媒体的应急科普表现研究［J］. 科普研究, 2020, 15（2）：19-26, 103-104.

［7］李润虎. 典型国家新冠肺炎疫情科普的案例研究及启示［J］. 科普研究, 2020, 15（2）：84-90, 107-108.

［8］褚建勋, 李佳柔, 马晋. 基于云合数据的新冠肺炎疫情应急科普大数据分析［J］. 科普研究, 2020, 15（2）：35-42, 104-105.

［9］孙玉. 应急科普体系建设刻不容缓［J］. 人民论坛, 2020（15）：210-211.

［10］蒋建科. 让科学声音跑在谣言前面［N］. 2020-04-20（19）.

［11］赵天宇, 李佳柔, 谢栋. 微博应急科普的现实图景与优化策略——基于新冠肺炎疫情的实证研究［J］. 科普研究, 2020, 15（2）：27-34, 104.

［12］地方科协［J］. 科技传播, 2020, 12（8）：17-18.

［13］王艳丽, 王黎明, 胡俊平, 等. 新冠肺炎疫情防控中的应急科普观察与思考［J］. 中国记者, 2020（5）：62-66.

［14］何科方. 我国科技社团参与新冠肺炎疫情应急治理的协同模式研究
［J］. 学会，2020（4）：11–19，35.

［15］王春辉. 突发公共事件中的语言应急与社会治理［J］. 社会治理，
2020（3）：42–49.

促进"短视频＋科普"融合发展
助推科普走向全民时代

重庆师范大学涉外商贸学院　刘仲慧

重庆市北碚区科学技术协会　吕春燕

摘要：当前，以互联网、大数据、人工智能等为代表的新一代信息技术日新月异，新一轮科技革命和产业变革蓬勃发展，对经济发展、社会进步、全球治理等产生重大而深远的影响。新冠肺炎疫情发生以来，直播经济、线上教育、线上医疗应势暴发，网络娱乐类应用用户规模和使用率均有大幅提高。我国网民规模达 8.97 亿人，短视频用户规模达 7.73 亿人，人均周浏览短视频的时长达 3.3 小时，短视频已成为当下社会最具活力的传播媒介。本文通过对短视频传播特点分析，建议促进"短视频＋科普"融合发展，助推科普走向全民时代，助力科协治理结构和治理方式改革。

关键词：短视频；科普；改革

当前，世界正经历百年未有之大变局，以互联网、大数据、人工智能等为代表的新一代信息技术日新月异，新一轮科技革命和产业变革蓬勃发展，对经济发展、社会进步、全球治理等产生重大而深远的影响。遵循科技成果和科学普及转移转化规律，顺应国家互联网、大数据、人工智能、5G 发展战略，抢抓重庆打造"智造重镇"和建设"智慧名城"机遇，积极探索促进"短视频＋科普"融合发展，这对提高科学知识普及效果，助力科协治理体系和治理方式变革具有重要而深远的意义。

一、大力促进"短视频＋科普"融合发展

（一）贯彻落实党中央、国务院加强科学普及的重要举措

党中央、国务院一直非常重视公民科学素质提升，尤其是科技创新和科普方式创新。2016 年，习近平总书记在"科技三会"上指出："科技创新、科学普及是实现创新发展的两翼，要把科学普及放在与科技创新同等重要的位置。"2016 年，中共中央办公厅印发的《科协系统深化改革实施方案》提出，围绕做实做好"互联网＋科普"工作，充分发挥"科普中国"的品牌作用。近年来，重庆市委、市政府实施了以大数据智能化为引领的创新驱动发展战略行动计划，集中力量打造"智造重镇"、建设"智慧名城"，全力构建"芯屏器核网"全产业链和"云联数算用"要素集群，大力推动新基建建设，积极引进培育腾讯、阿里巴巴、百度、字节跳动、爱奇艺等数字内容企业，连续两年举办智博会，等等。全市"共创智能时代、共享智能成果"的氛围日益浓厚，为推广"短视频＋科普"融合发展奠定了基础。短视频作为一种新媒介，一方面，让更多的人参与到知识生产中，知识的边界得以拓展；另一方面，打破了知识传播和理解的壁垒，以社交为纽带进行共享，让知识可以触达更多人。5G 时代的到来，必然促使短视频成为更加有力的传播媒介。在新时代、新形势下，科普工作应抓住短视频发展的机遇，积极运用短视频更广泛地弘扬科学精神、普及科学知识，更好地贯彻落实党中央、国务院加强科技创新和科普创新的部署要求。

（二）信息化时代下打造"科普中国"的重要法宝

科学技术的飞速发展和人类文明的广泛渗透使科普工作面临新的挑战。与科学技术的"零距离"接触已成为当代人学习的必然，同时为科技

创新和科学发展开辟了更广阔的社会空间。面对新挑战，转变和发展科普工作观念是创新科普工作的前提和基础。从国家"五位一体"总体布局的角度理解科学普及与科技创新同等重要的思想，为提高对科普重要地位的认识打开了新窗口。从政治建设角度看，科技创新是提升国家战略地位的重要支撑，科学普及是推进民主政治的基本条件。从经济建设角度看，科技创新是经济发展的原动力，科学普及是经济发展的助推器。从社会建设角度看，科学普及是科技创新和社会发展的土壤。从文化建设角度看，科技创新不断丰富人类文化乃至文明的内容，科学普及不断提高人类文化交流的能力和水平。从生态文明角度看，科技创新为生态文明建设提供了物质支持，科学普及是可持续发展的概念传递机。在新技术逐渐改变人类生存方式的过程中，科普正从后台走向前台，成为社会创新和发展的"主角"。可以预见，在不久的将来，新技术的发展将直接改变大众科普的方向和模式。尤其在信息化、网络化、数字化快速发展的背景下，运用短视频这一有效的传播途径，可以实现传播者和接受者之间双向互动，加快推进新技术、新知识普及力度，有利于打造"科普中国"品牌。

（三）推动科学知识与科学传播有效融合的重要途径

在信息大爆炸的时代背景下，科学技术和科学知识的更新速度更快，科普难度越来越大，推动科学知识与科学传播方式的有效融合显得十分紧迫。据第 45 次《中国互联网络发展状况统计报告》显示，截至 2020 年 3 月，我国网民规模达 8.97 亿人，网民使用手机上网的比例达 99.3%。短视频用户规模为 7.73 亿人，网民人均每周上网时长为 30.8 小时，浏览短视频时长占比达 11%。调查数据显示，短视频用户不仅人数众多，而且浏览率极高，是当下最具活力的传播途径。运用短视频传播科普知识具有 4 个方面的优势：一是传播速度更快。短视频制作门槛低、传播速度快，非常适合传递紧急信息。从拍摄到发布，再到被观众看到，用时非常短。一条短视频一经发布，一天就可能有几十万甚至上百万用户观看。二是传播范围更广。短视频受众面广，不受年龄、职业、文化程度等因素限制，观看方式较为随意。截至 2019 年 2 月，抖音平台科普内容累计播放量超 3500 亿次，用户点赞量超过 125 亿次。以中国科学院"中科院之声""中科院物理所""中国科普博览"为例，截至 2020 年 6 月，这三个抖音号关注数超 330 万个。三是传播的内容更准确。短视频可将复杂内容变得简单通俗、易于理解，同时能直观表现事物样貌、状态，有助于提高科学知识传播的准确性。四是传播方式更生动。科普短视频顺应短视频运营特点，以生动的方式传播科学知识，能让人们主动走近科学、了解科学、学习科学、热爱科学。中国科学报社社长、总编辑赵彦认为，科学传播要与时俱进，要创新方式方法，要接地气，要有新玩意，要使受众"乐在其中"。通过"短视频 + 科普"就是与时俱进地运用新的传播媒介传播科学知识，实现科学知识与科学传播的融合发展。

二、当前"短视频 + 科普"存在的突出问题

科普短视频在各大短视频平台受到大众普遍欢迎，但由于短视频为新兴行业，相关行业规则还在探索中，所以目前的科普短视频还存在一些问题，各相关部门有待运用科学方法进行完善。

（一）科普短视频的质量有待提升

一是目前还存在打着科学的幌子传播伪科学的现象。新知识和新技术不仅为科普提供了新的手段和便利，也造成了科普信息的真实性更难鉴别。新媒体的开放性、互动性和虚拟性让伪科学的传播有机可乘，进而误导公众。二是短视频内容碎片化与知识系统性缺失。科普短视频时长大多在 5 分钟以内，而每门科学都是系统性的，由于科普短视频时长短，容易

造成一个知识点只看到现象，看不到结论。三是缺少趣味性和生活化应用。科普短视频的专业性强，多用来解释科学现象、说明科学道理或展示科技成果，往往会忽视联系生活应用，造成其知识性较强、趣味性与应用性较弱。

（二）科普短视频平台有待建立

当前，国内有抖音短视频、快手、西瓜视频、火山小视频、腾讯微视、好看视频、梨视频等短视频平台。2019 年，中国科学院科学传播局、中国科学技术协会科普部、中国科学报社、中国科学技术馆、字节跳动联合发起了名为"DOU 知计划"的全民短视频科普行动，取得了较好成效。目前，运用短视频传播科学知识的多是科技工作者，或社会公众自发传播，全国各省（市、区）官方及各级科协组织参与短视频传播科学知识的广度和深度还不够，亟待搭建大批科普短视频传播平台。

（三）"短视频＋科普"支持力度不够

新技术带来的新设备投资、新人才需求和新模式推广将对科普形式、方式、平台的变革及能力和水平的提高产生重要影响。从实践情况看，"短视频＋科普"掀起了科普手段的巨大变革，但政府在资金、人力、财力和政策等方面支持"短视频＋科普"的力度还不足。

三、加快促进"短视频＋科普"融合发展的对策建议

（一）遴选共建一批科普短视频创作平台

一是加强科普短视频创作基地建设。加强与中国科协及四川、贵州、湖北、陕西等周边省市科协交流，遴选共扶一批视频类互联网龙头企业，重点推动与字节跳动、腾讯、百度、阿里巴巴等行业龙头合作，建设一批

科普短视频创作机构。二是搭建科普短视频交流平台。坚持"以赛促创"，坚持每年在全国范围内开展科普短视频创作评比活动，征集遴选一批精品科普短视频，重点推广传播。三是在全国率先设立科普短视频创作协会，负责科普短视频创作指导、优秀作品征集及"短视频＋科普"融合发展。

（二）组建一支科普短视频专家团队

一是组建科普短视频顾问团。联合重庆大学、西南大学、重庆邮电大学、重庆社会科学院、重庆院士工作站、重庆市大数据发展局、重庆市经济和信息化委员会、重庆市通信管理局等单位专家组建科普短视频顾问团，指导科普短视频创作。二是引进培育科普短视频创作团队，充分运用科协系统资源，重点依托电脑报、课堂内外等市场主体，有计划地培育壮大一批科普短视频创作团队。三是严格"短视频＋科普"内容审核。依托抖音短视频、快手、西瓜视频、火山小视频、腾讯微视、好看视频、梨视频等平台开展科普短视频的审核把关，提高科普短视频的质量。

（三）建立健全"短视频＋科普"融合推广机制

一是设立全民"短视频＋科普"活动周。积极向中国科协争取设立全民视频科普活动周，全国各省（市、区）科协集中播放科普短视频，引导广大科技工作者、青少年参与科普短视频创作。二是发挥各级科协组织主渠道作用。据了解，重庆有 155 个市级学会（协会、研究会）、750 多家企事业科协、1087 个基层农技协，在 139 个特色产业园区党群服务中心建立科协组织或工作站，在 1026 个乡镇（街道）公共服务阵地和 11079 个村（社区）便民服务中心建立科普站点，设立社区科普大学教学点 419 个，可以发挥传播科普短视频的主渠道作用。总体来看，重庆市各级科协组织是健全完善的，为此建议充分发挥各级科协组织主阵地作用，在全市各级科协组织官方网站持续发布科普短视频。三是充分发挥新闻媒体主渠道作用。依托电视、平面媒体及各地官方网站宣传发布科普短视频。

（四）完善科普短视频政策支持体系

一是强化人才支撑。发展数字经济，打造短视频科普平台，归根结底要靠人才。结合实施重庆英才计划，联合重庆市委组织部、重庆市大数据应用发展管理局、重庆市人力资源和社会保障局，有计划抓好智能化新媒体人才的培养、引进和任用。二是强化创作支撑。动态完善科普短视频创作图谱，聚焦重点行业、最新技术、重要人群，有计划按领域发展培养一批科普短视频创作团队。三是强化资金支撑。要用好、用活科普资金，设立科普短视频引导基金，鼓励引导龙头企业、产业联盟打造科普短视频平台，每年开展科普短视频平台评选活动，对运用"短视频＋科普"发展比较好的平台给予一定经费支持；对优秀的作品给予物质奖励。

参考文献

［1］新时代科普工作的新理念［EB/OL］.［2020-06-25］. http://www.kepu.gov.cn/www/article/dtxw/e3843a4250d44c6ab48d27ca99460cad.

［2］中国科普网. 短视频助推科普走向全民时代［EB/OL］.［2020-06-13］. http://www.kepu.gov.cn/www/article/dtxw/fa993f0b1e7d4263b3e6a83fe7cbbe3b.

［3］王合清. 在全市科协系统庆祝改革开放40周年和中国科协成立60周年座谈会上的讲话. 科协创新纵横谈［G］. 重庆：重庆出版社，2019：16.

需求视角下提升
农村科普公共服务水平路径研究

重庆市江北区委党校　王庆民

摘要： 近年来，农村科普工作随着社会经济的发展迎来了新挑战，农村居民对科技的需求越来越精准化、群体化、差异化。传统的科普形式和内容必须进行革新才能发挥出科技在乡村振兴中的积极作用。要提升农村科普服务水平，重点要从整合科技资源、加强科普工作队伍建设、做优科普内容、运用新媒体技术手段丰富形式等入手，不断提升农村科普公共服务能力。

关键词： 农村；科普服务；需求

改革开放以来，我国农村面貌发生了翻天覆地的变化。农村基础设施建设日新月异，农民文化教育水平和科学技术素养明显提高。党的十九大提出了"乡村振兴"战略，提出了新时代农村发展的目标，即产业兴旺、生态宜居、乡风文明、治理有效、生活富裕，也绘出了实施路线图。《全民科学素质行动计划纲要实施方案（2016—2020年）》指出，要着力提高农民科学素质，大力增强农民依靠科技脱贫致富的积极性和主动性。科技在"乡村振兴"战略中发挥着重要作用，是实现乡村振兴的重要抓手。因此，做好农村科普工作，提升农村科普公共服务水平至关重要。做好农村科普，必须精准对接农村发展对科学技术和科普服务的基本需求，助力农村产业发展、农民素质提高、人居环境改善等。

一、当前农村科普对象对科普公共服务的需求倾向分析

（一）基于高质量发展的要求，对科普内容更加注重实用性

随着生产力水平的提高，小农经济已基本实现了向规模化、机械化、现代化转型，农村产业已经开始了一、二、三产业的融合发展。在此背景下，农村对科学技术的需求更加多元化、复合化。农村科普需求出现了新的导向。一是产出效益导向。农村产业发展最根本的目标就是促进农民增收，增收仰仗更高的产出效益。以种植产业为例，农民就是需要粮食增产且能够承受意外风险灾害的侵袭。二是生态效益导向。乡村振兴提出了生态宜居的目标，意在保护农村人居生态环境，倡导绿色发展。在生产方面，用于增产、增收的传统化工产品对农产品质量往往会造成不良影响，消费者更喜欢有机、绿色、无公害的产品。在治理方面，农村人居环境恶化成为普遍现象，迫切需要运用现代环保手段进行治理，环保科技目前是农村发展的重要需求。三是社会效益导向。随着农业产业化，很多可复制、可转接的生产体系已经初步形成。发达地区的产业模式完全可以复制到其他地区，带动其他地区农民脱贫致富。在复制转接的过程中，既实现了产出效益，又实现了社会效益。

（二）基于美好生活的愿景，对科普工作的形式更加注重休闲性

当前，农民对精神文化生活的追求日益强烈。信息时代改变了农村相对封闭落后的面貌，农民与外界交流更加便捷、文化生活更加丰富多彩。具体来说，农民对文化生活的需求一般体现在以下两个方面。一是休闲娱乐需求。随着网络的普及与新媒体的兴起，农村拥有了更加丰富多彩的休闲娱乐活动。但农村信息基础设施配备情况并不乐观。调查发现，西南地

区的农村网络覆盖率明显低于东部发达地区和全国平均水平，且由于农民文化水平偏低，对新媒体带来的休闲娱乐受益明显不足。二是个人安全需求。近年来，网络诈骗案件层出不穷，农村发生率越来越高。对于虚拟网络空间，农民普遍认识不够全面，对个人信息保护意识不强，不良信息免疫力明显不足。网络对于农村儿童的负面影响较为突出，成为阻碍农村儿童健康成长的障碍。

（三）基于差异化需求的考量，更加注重科普工作适用性的精准化

随着农村产业化的多样性与农民城乡之间的流动日益频繁，农村居民所从事的行业越来越多样，对科学技术知识的需求也越来越广泛多元。调查发现，当前很多传统科普服务多带有资源任务属性，科普主体作为常规工作任务，在科普对象上往往不加细分，导致科普内容的群体匹配度和适用性不高。《中华人民共和国科学技术普及法》明确规定，各类农村经济组织、农业技术推广机构和农村专业技术协会应当结合推广先进适用技术向农民普及科学技术知识；应该区分不同群体、结合不同时间节点，有针对性地开展科普服务。一是区分工种属性。针对种植户、养殖户、手工业者、乡镇企业主等分门别类地开展科普服务，突出精准化。二是基于不同的生理及社会属性。根据性别、年龄、文化程度等开展与之属性相匹配的科普服务，突出精细化。三是结合人群聚集时间属性。在春节、秋收等农民工返乡的集聚时节开展大范围、高频率的科普服务活动，可重点开展普法宣传、反邪教反迷信等文化类科普，突出高效化。

二、当前农村科普公共服务发展面临的困难与问题

（一）农村科普队伍建设有待加强

目前，农村科普队伍的构成：公益性科普机构工作人员、经营性科

普组织人员和社会化服务团体人员。其中公益性科普机构工作人员包括科协、科学技术局、农业委员会、乡镇政府等部门或机关单位人员；经营性科普组织人员包括农业企业、农资公司、农技企业、咨询公司等企业法人单位人员；社会化服务团体人员包括行业协会、农技协、农函大、科普志愿者、高等院校、农业科研院所、职教中心等农业农技相关人员。

1. 基层科技组织发展需要重视

目前，基层科协自身力量薄弱、人才配备少，无论是在人力还是财力上都得不到广泛的支持。如表1所示，近年来，乡镇（街道）科协组织数量较前期有所减少，但整体呈平稳趋势；村（社区）科协数量呈逐年增长趋势，原因在于村（社区）各项事业迅猛发展的带动；农技协数量呈现出逐年下降的趋势，近年来农村产业结构的调整是主因，大量人口转移到二、三产业。

表1 基层科协组织情况

年份/年 类别	2012	2013	2014	2015	2016	2017	2018	2019
高校科协/个	574	584	703	831	1066	1181	1374	1437
企业科协/个	20968	21281	21931	23929	26096	18523	20312	17510
村（社区）科协/个	8235	9067	11179	13636	15046	11292	12184	26637
乡镇（街道）科协/个	31227	30904	30236	29911	29052	21590	22012	26936
农技协/个	113068	114775	110442	110476	103606	89856	78492	27575

数据来源：中国科协2019年度事业发展统计公报。

2. 科普队伍人员素质需要提高

乡镇科协、农技协等组织的科普人员仍以大学、社会团体和非公有制经济组织人员为主，由于没有行政编制，乡镇科普人员的流动性较大，这导致科普工作缺乏连续性。根据科学技术部调查统计，科普从业人员中具有中级职称和大学及以上学历的人员比例不到50%。我们虽然有庞大的科普人才队伍，但专职科普人员数量少，比例不到15%，高级专业技术人员更是稀缺。以基层农技站为例，农技推广人员普遍存在年龄老化和知识固化的情况，难以适应新型职业农民和新型农业经营主体对科技知识的更高要求。

（二）农村科普的资源整合能力有待加强

当前，农村科普模式仍较为单一，没有形成"大科普"格局。首先，内部体系合作机制需要健全。科协、科学技术局、农业委员会、乡镇政府等部门的分工协作效果有些地方并不明显，部门分割现象较突出，缺乏部门之间长效稳定的合作机制。缺乏科普公共服务资源平台对接农村科技需求，整合科技供给方的资源。其次，外部协同力度不够。农村科普主导部门与社会化服务组织的资源整合和跨界协同力度十分有限，无力建立起多元协同的农村科普模式，主要表现在社会科普力量参与度不高。农村科普对各界资源整合的力度不够，积极动员社会力量参与的成效仍不明显。没有发挥好高等院校、企业、科研院所、社会组织、行业协会等社会化服务体系的作用。

（三）科普的传播方式不能满足现实需要

首先，农民获取科普信息的渠道单一。新媒体的发展虽然带来了新契机，但大多数农民利用手机往往是娱乐消遣，很少有人通过手机获取相关科技知识，获取科普信息的渠道还是以传统方式为主，如通过集会宣传或口口相传，抑或是从典型案例宣传中获取。通过这些途径获得的信息往往实用性不高，而农村居民个人从新媒体上获得的信息有时也存在风险，农村居民普遍文化水平较低、学习新技术的能力较低，对新媒体的应用普遍不科学。其次，体验参与式的科普形式不够。传统的讲解式科普传播很难发挥群众的主动性，难以调动群众参与的积极性。选择适合农民的宣传方式很关键，由科普团队面向农民进行直观地讲解、培训和交流，能够促进农村居民更好更快地进行学习和实践。

三、直面需求，提升农村科普公共服务能力

（一）完善相关政策，加强农村科普队伍建设

《中国科协科普人才发展规划纲要（2010—2020年）》提出了科普人才建设的目标要求，即到2020年科普人才总数达到400万人，其中专职科普人才数达到50万人。以此为目标，统筹推进科普人才队伍建设。在建设高素质科普行政管理人才队伍的同时，尤其是建立适应科普服务大众化、个性化科普技能人才的科普实用人才队伍。推进专职科普人才职业化。建立健全专职科普人才职业资格认证体系，推进专职科普人才持证上岗制度建设和职称评定工作。推进兼职科普人才规范化。以各级科协组织为依托，对兼职科普人才进行服务管理。优化科普人员知识结构，完成知识更新，积极转变科普服务理念，建立"政产学研用"一体的农村科普服务模式，推动建立"政府+产业+高校+科研机构+用户"的协同合作机制，实现科普资源的整合，发挥科普工作的合力。

（二）优化科普内容，做实农村科普公共服务成效

改变以往科普工作重形式、轻质量的情况，着力优化科普内容的针对性，满足科普对象的需求。近年来实行了"科普惠农兴村计划""基层科普行动计划""全民科学素质行动"等一系列科普计划，并取得了一定的效果，今后要更加突出重点。一是助力农村产业发展。服务科技含量高的农村产业发展，大力扶植旅游农业、订单农业、绿色农业等。在继续强化传统的农业技术培训基础上，大力加强对农村地区中小企业等新产业技

术科普，以现代科学技术促进农村一、二、三产业融合发展。二是扩大科普服务面。科普要面向农民生产生活的方方面面，除农技和农村产业培训外，还应涵盖社会保障、疾病、教育、法律、情感等方面，如农村新媒体的推广应用工作，在利用新媒体途径进行技术推广的同时，做好法律科普宣传工作，维护好网络信息和居民人身财产安全，避免网络新型犯罪在农村滋生蔓延，切实保障农民的合法权益。三是创新科普产品。科普应该更加适应农村发展需要，对科普内容进行创新，以往的科普产品以图书和传统音像制品为主，但作用发挥有限，因此要充分结合媒体信息技术的发展，利用先进的科学手段进行科普形式与内容的协同创新。

（三）创新媒介传播，丰富农村科普公共服务形式

近年来，新媒体成为信息交流的主流平台，微信、微博等新媒体传播工具的用户已经高度覆盖，成为科普工作的新阵地。2018 年，微信每月有 10.82 亿用户保持活跃（《2018 微信年度数据报告》），传统媒介面临着新媒体的冲击，新媒体将成为信息传播交流的主要工具。《关于加强国家科普能力建设的若干意见》提出了加强大众媒体的科技传播力度，报纸、期刊增加科普版面，广播、电视和网络新媒体延长宣传时间，科普节目要创新传播方式，打造一批高质量、高水平的新媒体网络宣传平台。同时，充分结合新媒体传播速度快、覆盖面广、汇集信息全的特点，考虑农村居民文化水平相对较低的现实情况，创新科普传播形式，用大众喜闻乐见的休闲娱乐形式开展科普活动。严格控制虚假传播、非法传播、无效传播。

参考文献

［1］董治伟.新时代乡村振兴战略背景下的农村科普问题研究［D］.石家庄：河北师范大学，2017.

［2］郑久良，潘巧.新时代中国农村科普队伍建设的现状、问题与对策探

析［J］.科普研究，2018（4）.

　　［3］岑剑.科学技术协会助力乡村振兴路径研究［J］.黔南民族师范学院学报，2019（2）.

　　［4］赵东平.中国科普人才发展存在的问题与对策［J］.科技导报，2020（5）.

　　［5］赵兰兰.基层科普人员能力建设的实践与思考［J］.科技资讯，2020（8）.

基层科普场馆建设及作用发挥的思考

万盛经济技术开发区科学技术协会　吴红亮

摘要： 科普场馆是科协服务全民科学素质提升的重要载体和抓手，基层科普场馆是科普教育的重要阵地，是直接面向基层群众、城镇劳动者、青少年、领导干部和公务员的科普载体，建设和发挥好基层科普场馆对于优化科普资源供给、实现科普公共服务均衡发展具有重要作用，是建设科技强国、厚植创新沃土的基础工程。本文以万盛经济技术开发区（以下简称万盛经开区）科普场馆的基本情况和作用发挥情况为例，以点带面，分析基层科普场馆建设和作用发挥中存在的普遍问题，并提出措施建议，以期为提升科普基础设施的服务能力、拓展公众参与科普的途径提供参考。

关键词： 基层；科普场馆；问题；对策

科普场馆是科协服务全民科学素质提升的重要载体和抓手，《国务院办公厅关于印发全民科学素质行动计划纲要实施方案（2016—2020年）的通知》提出"创新完善现代科技馆体系"，指出"进一步建立完善以实体科技馆为龙头和基础，流动科技馆、科普大篷车、虚拟现实科技馆、农村中学科技馆、数字科技馆为拓展和延伸，辐射基层科普设施的中国特色现代科技馆体系"。基层科普场馆是科普教育的重要阵地，是直接面向基层群众、城镇劳动者、青少年、领导干部和公务员的科普载体，建设和发挥好基层科普场馆的作用对于优化科普资源供给、实现科普公共服务均衡发展具有重要作用，也是建设科技强国、厚植创新沃土的基础工程。本文以万盛经开区科普场馆的基本情况和作用发挥情况为例，以点带面，分析基层科普场馆建设和作用发挥中存在的普遍问题，并提出措施建议，以期为提升科普基础设施的服务能力、拓展公众参与科普的途径提供参考。

一、万盛经开区科普场馆建设及作用发挥基本情况

截至 2019 年年底，万盛经开区各科协组织拥有所有权或使用权的科技场馆有 4 个，即万盛科技馆、丛林绿水村乡村科普馆、关坝凉风村乡村科普馆、东林腰子口社区科普活动中心，总建筑面积 5000 平方米，展厅面积 3000 平方米，全部实行免费开放。各类场馆全年接待观众超过 40 万人次。其中，万盛科技馆全年接待参观人数 23 万人次。近 3 年来，平均每年邀请市科普大篷车来区巡展 1 次，主要到关坝、福耀、青年等小学。万盛经开区科协科普画廊建筑面积共 30 平方米。

科普场馆对于提升全民科学素质具有基础性、普惠性、引导性作用，各级科协组织依托科普场馆开展丰富多彩的科普活动，延伸展教功能，提供科普公共服务，拓展了公众参与科普的机会和途径，让创新意识在群众中萌芽。近年来，万盛经开区各类科普场馆针对不同群体开展了对象化、互动化、分众化活动，同时加强对外交流合作，赋予了科普场馆新的内涵。

（一）开展系列展览活动

万盛科技馆拥有各类展品 270 多件，乡村科普馆和社区科普活动中心拥有展品 200 多件。这些展品主要涉及人工智能、信息通信、食品健康、自然物理知识，是人们日常生活中最基础的科学知识。科技馆充分发挥科普引领作用，在展品类别和数量上有所增加，除基础性展品外，还有地动仪等科学测试仪器、各类化石和岩石、AI 趣味体验展示等。万盛科技馆

年均接待观众 20 万人次，少年儿童是主要群体，来馆参观的多为本地人。结合科普需求，每年在儿童节、防震减灾日等重要时间节点开展科技嘉年华、防震减灾科普知识讲堂等活动，近 3 年来，先后开展了参观科技馆有奖征文、暑期科普进社区、科技夏令营等活动。乡村科普馆、社区科普活动中心主要依靠已有展品，针对不同人群开展科普活动，这些场馆有特定开放时间，在暑期和重要节日期间开放，以满足公众基本需求。

（二）开展培训教育活动

近年来，万盛科技馆积极争取教育部门支持，通过深化馆校合作，选优配强科技教育师资力量，重点打造"周末课堂"品牌，仅 2019 年就开展了 150 次课堂活动，课程涵盖 3D 打印、电子电路、化学实验、航模制作、科幻画、面塑等，培训达 4000 多人次，深受青少年和家长的欢迎。同时，万盛科技馆积极承接学校科技课堂观展需求，成为万盛经开区中小学尤其是小学的科技"第二课堂"，通过科技馆人员讲解、校园课堂教师深入解读，寓教于乐，让孩子们对科学知识的印象更深、理解更透。丛林绿水乡村科普馆和关坝凉风乡村科普馆加强与镇内学校合作，重点面向幼儿园和小学开放，学校将自然科学课堂搬进馆，培养学生探索科学奥秘的兴趣，近 3 年来，平均每年承接校园课堂活动 50 次，接待学生 2000 多人次。社区科普活动中心作为社区益民工程的载体，承载着城镇劳动者科学素质提升的重任。万盛东林街道腰子口将社区科普大学示范点建设与社区科普活动中心融合发展，通过课堂教育培训、就近观展体验、邀请科技教师讲学、开展益民科普宣传活动等，教育引导社区居民学科学、用科学。2019年，该社区科普活动中心开展各类培训教育 120 场，接待公众 3500 人次。

（三）延展科教功能

万盛科技馆多形式、多渠道发挥科普功能，加强与学校合作，努力成为研学旅行目的地之一，先后接待万盛小学、进盛中学、关坝小学等学校学生来万盛经开区学习旅游。积极组织开展暑期夏令营活动、暑期科技进社区活动，把师资力量用在更广的领域，让广大公众受益。自2016年开展此类活动以来，先后联合万盛经开区关工委、农林局、经信局等开展了两期暑期夏令营活动，并在腰子口社区、黑山北门社区等开展科普讲座30场，受益人次达2万，深受社区居民欢迎。乡村科普馆、社区科普活动中心积极加强与万盛经开区内科普基地合作，如邀请市级科普基地——万盛人民医院心肺复苏与创伤急救科普基地人员到场馆开展志愿服务活动、邀请万盛经开区内面塑传承人到社区开展传统文化讲座等。

（四）强化示范创建引领

延展科普场馆的功能，除了在内容形式上有创新，更要在内涵源头上有新的建树。万盛科技馆从示范创建入手，以创建促建设、以建设促发展，形成了功能设施在示范创建中不断提升，影响力、美誉度在示范创建中不断提升的良性互动和循环。2015年，万盛科技馆成为重庆市市级科普基地，并获得更多政策支持。2019年，万盛科技馆成为国家AAA景区，不仅进行提升改造，还规范了管理和展教功能，同时丰富了科普资源，推进了室外生态馆建设。2020年，万盛科技馆以创建防震减灾科普基地为目标，修茸完善地震小屋等设施，强化防震减灾科普宣传，开展应急演练，丰富拓展科普知识。丛林绿水乡村科普馆和关坝凉风乡村科普馆地处乡村旅游景区，在面向本地目标人群的同时，积极丰富游客体验参观内容。东林腰子口社区科普活动中心结合建设科协样板间，规范完善管理机制，让科普展教活动更有序，基本形成了间周一次科普课、重要时间节点组织展览宣传活动的惯例。

二、基层科普场馆建设及作用发挥中存在的问题

（一）科普场馆覆盖面不够广泛

基层科普场馆建设是民心工程，民心工程就要真正覆盖群众，最大限度地满足群众需求，乡村科普馆的建设不能过于密集，一般以乡镇（街道）为单位，一个乡镇（街道）建一个即可，避免造成资源浪费。但在实践中，仍然存在场馆位置与服务对象需求错位的现象。尤其是乡村科普馆，由于在建设场所和覆盖人群方面考虑得过于乐观，造成展教功能使用不充分。同时，因财力有限，乡村科普馆大多依托某个已有建筑物进行改造或装修建成，场馆服务范围和位置受限，使所建乡村科普馆的使用率不高，甚至许多基层群众对乡村科普馆的知晓度很低，作用发挥必然受限。另外，乡村科普馆开放时间限于纸上规范，实际开放时间较短，由于依托已有建筑设置，开放时间还受建筑主要用途约束，若建筑其他门面为幼儿园、文化场所等，还要考虑开放的安全因素等，开放时间有限也致使乡村科普馆的功用不充分。

（二）科普场馆联动协作性不强

由于科普场馆隶属于各级科协或所在乡镇（街道），各场馆基本均结合本级本地开展活动，无论是科技活动周还是全国科普日，几乎都是独立开展活动，主动协调联动开展科普教育、研学旅行、讲座培训、互动交流等较少。原因主要在于各组织之间协调联动不足，尤其是科普资源统筹使用力度不足，从活动策划时就没有将科普场馆统筹使用作为考虑内容之一，过分强调管理层级，忽略了资源的优化利用。同时，乡村科普馆、社区科普活动中心在日常运行中，管理人员多数担任"守门人"的角色，很少聘任专业人员进行管理，不具备科普活动策划、组织协调、科普讲解能力，管理人员素质的高低也是影响科普场馆之间联动协作的一大因素。

（三）科普场馆展教活动形式单一

各类科普场馆的活动形式主要有讲座、体验、培训等，乡村科普馆和社区科普活动中心的活动形式更为单一，主要有参观、体验和讲座。各场馆因为没有激励机制，所以缺乏创新争先意识，没有品牌活动的策划，科普场馆对青少年群体的功用大于其他群体，受众面有限。由于后续缺少投入，展品更新滞后，科普体验的吸引力逐步消退。师资是科普场馆必备的，但基层科技人才缺乏，需要引入更多科技人才加入科普场馆，针对不同人群开展内容丰富、形式多样的活动，提升群众对科普场馆的知晓度和依赖度。

（四）对外交流合作的力度不够

万盛有 4 座科普场馆、7 个社区科普大学、7 个市级科普基地、43 个社区科普 e 站，拥有一支科普志愿服务支队，2019 年选优配齐了基层科协"三长"，但这些科普基地、科普场馆、科普 e 站相对独立，没有串联起来，主要面向本地群众，对外针对游客，但与毗邻区（市、县、镇）交流互动力度不够，如科技师资力量跨区域互用、科普场馆跨区域组织联动科普活动、科普 e 站跨区域共享科普信息、社区科普大学互动交流学习、跨区域组织特定对象集中学习等。尤其是在当前成渝地区双城经济圈建设的背景下，如何从科普资源共享、科普基础设施共建、科普展品循环对调共用等方面发力，建立起各地科协的联动协作。

三、基层科普场馆建设及作用发挥的对策建议

（一）科学规划基层科普场馆建设

当前，全国各级科协有科普场馆 900 多个，数量在精不在多，要让科普场馆用得其所，就要从顶层设计开始规范科普场馆建设的标准，标准要

根据各级科普场馆覆盖的人群、辐射面积、经济财力来定，重点参考社会市场需求，扩大科普场馆的覆盖面和受众面。按照专业的事由专业机构把关审核的原则，基层科普场馆建设除按照工程建设项目程序实施外，还可探索实行由上一级科协系统归口评定科普场馆建设可行性，并将其作为科普场馆建设前置必要审批条件，增强科普场馆建设的针对性，提高其使用率。指导规范科普场馆运行管理，针对不同层级的科普场馆，指导其实现最大限度的开放，针对特殊科普场馆，可按照有关法律法规，在保障公益性的基础上实行部分有偿开放。

（二）推进科普场馆联动协作

科普场馆所处层级越高联动越活跃，协作互动比基层场馆频繁。从省市级科普场馆开始，示范开展科普场馆联动协作，从组织领导、制度机制、师资力量、保障措施等方面探索将科普场馆逐级指导机制过渡为逐级隶属机制，实现业务管理逐级隶属，师资力量定量配备，建设规划以地方为主，切实将科普场馆的体系建起来、串起来，更好、更快、更高效地开展活动。加强对基层科普场馆负责人、管理人员培训教育，从业务方面给予更多指导，要基于基层特殊情况，从活动组织、师资储备、协调统筹等方面促进科普场馆各项活动贴近生活、贴近校园、贴近机关、贴近城市，让科普场馆的作用得到更大发挥。抓好试点示范，在更大范围推广科普场馆联动协作经典案例，示范推动更多场馆联动科普。

（三）建立健全科普场馆作用，发挥考核评价机制

基层科普场馆能否活起来，还在于能否用好考核考评指挥棒。当前对基层科普场馆的使用基本没有激励约束机制，容易导致科普场馆"三分钟热度"。因此，要从顶层设计上制定一套对基层科普场馆作用发挥的考评机制，并将其作为对应地方科协工作考核指标之一，通过逐级考核，切

实增强科普场馆的使用率，真正提升科普场馆在全民科学素质提升中的影响力。要从物质方面给予激励，上级科协负责对下级科协直接隶属的科普场馆进行考核，并对考核成绩较好的科普场馆以项目形式给予一定物质奖励，激发各级科普场馆创新争先。

（四）探索科普场馆跨区域协作交流

当前，基层科普场馆的建设在规模、外观、展品方面都与当地经济实力挂钩，财力较强的地方科普场馆的展区更大、展品更多、功能区更丰富，但也存在展品的同一性。强化协作交流就要从科普场馆建设初期的展品选择上实现多渠道、多形式，并鼓励地方科普场馆根据当地的人文风情，选择或自制展品，让各级科普场馆从同一性走向多样性，为协作交流、合作开放、交流互鉴提供更多窗口。同时鼓励各级科普场馆就近加强交流合作，跨区域使用师资力量，切实丰富科普资源和科普内容，让群众接受更多不一样的科学文化知识，了解毗邻地区科技创新发展的实际情况，厚植区域间协同创新沃土。

（五）保障科普场馆运行管理基础条件

科普场馆运行管理需要人力、财力、物力的投入。要强化科普场馆师资力量投入，上一级科普场馆的师资力量应有序安排到下一级科普场馆开展活动，开展科技老师"传帮带"活动，通过教学传授经验，提高基层科技教师能力水平。强化对已建科普场馆的后续投入，建议中国科协层面每年逐级安排一定资金，通过财政逐级转移支付的方式用于已建科普场馆的运行管理；本级财政根据实际情况定期对科普场馆展品进行更新，或将不同层级科普场馆的展品定期轮展，让科普展品在不同层级重复使用，减少资源浪费。

微课堂在社区科普大学建设与作用发挥调查研究

重庆工业职业技术学院科学技术协会　宋志强

摘要： 社区科普大学是"科教进社区"活动的有效延伸，是为广大居民搭起的一座新的学习平台，是提高公民科学素质的有效载体。本研究以渝北区及重庆部分地区社区科普大学学习人群（以中老年人为主）为研究对象，对微课堂在社区科普大学建设与作用发挥进行调查分析，以期更好地发挥微课堂在社区科普大学建设中的作用。通过调查研究微课堂在社区科普大学建设与作用发挥是科普宣传走进千家万户的一座重要的桥梁，是社区科普大学现场教学相辅相成的必要形式，通过依托微课堂等碎片化学习模式，探索让社区中老年人通过电脑、手机等学习科普知识，在潜移默化中培养爱科学、学科学、用科学的意识的渠道。在微课堂建设时，从社区老年人的需求出发，设计情境、学习内容和界面，从而保证社区老年人高质量的学习。通过社区活动与老有所乐等微信群、微信公众号联动，使得"老年微课堂"能够展现在广大社区老年人眼前，老年群体可以在构建的"老年微课堂"社区进行沟通、交流、反馈，从而不断完善课程，使得社区老年人的生活丰富多彩。同时，研究成果可以对政府决策部门和相应机构更好地提升社区科普大学建设、发挥科普宣传和科技导引作用有现实指导意义。

关键词： 微课堂；社区科普大学；科普宣传；碎片化学习

一、引言

微课堂作为一种新型的基于互联网的信息化教学模式，是克服传统教学资源的局限性而发展起来的一种新型教学资源应用模式。建立社区科普大学是"科教进社区"活动的有效延伸，其利用居民空闲时间，邀请专家学者把科学技术、生活常识、道德修养、健康保健、生态环保、安全防灾、家庭教育等知识以授课的方式向社区居民传播，为广大居民搭起一座新的学习平台，是提高公民科学素质的有效载体。

二、研究背景与意义

（一）研究背景

2020年春节期间，新冠肺炎疫情迅速蔓延，成为影响社会发展的不可抗力事件。在这一背景下，社区科普大学建设与运行遇到了诸多问题和挑战。

社区科普大学是面向社区居民的科普教育平台，是依托社区和社区居民自治组织兴办的科普教育活动平台，旨在丰富中老年人业余文化生活，使社区中老年人有一个活跃身心、发挥特长的空间，在建设形式上，由市、区科协和社区共同举办，以现场授课为主。新冠肺炎疫情的暴发，使必要的科普知识的学习、防控方法的普及显得尤为重要，而受到新冠肺炎疫情制约，传统的现场授课学习模式行不通，如何及时、有效地发挥社区科普大学的作用成为当务之急。

（二）研究目的

微课堂主要针对教学内容的某个具体知识点，以微视频为呈现形式，以阐释某一知识点为目标，微课堂在线教学相较于传统单一的教学模式更活泼和多元化。

通过研究，旨在探讨能否使微课堂成为现场教学的补充，利用手机、平板电脑等智能电子工具开展丰富多彩的线上教学，以补充线下学习的不足，将中老年人的碎片化时间充分利用起来，充分发挥碎片化学习的作用，通过微课堂等进行科普知识宣传，使微课堂在社区科普大学知识技能的普及更好地发挥作用。

三、调查研究情况

（一）调查情况

本次调查在渝北区的几个街道和社区展开，针对人群包括社区科普大学教职员工、辖区内部分老年人、老年人的子女，确保数据收集的广泛性。调研的过程主要通过调查研究、理论研究、实践探索等形式展开。

一是在社区科普大学进行调研，通过调查问卷等形式调查微课堂在社区科普大学适应人群中的适应性分析。根据调研题目和社区科普工作内容，针对公众需求，设计了《社区居民科普需求调查问卷》《渝北区社区科普大学需求调查问卷》纸质问卷及《信息化背景下城镇社区科普需求及满意度调查问卷》《渝北区社区居民科普需求调查问卷》《渝北区社区科普大学建设调查问卷》网络问卷。需要说明的是，纸质问卷和网络问卷同步发放，由于新冠肺炎疫情影响，纸质问卷无法大面积发放，而老年人对网络问卷的熟悉度较差。因此共收回有效问卷 250 多份。

二是深入基层调查走访和访谈。组织人员深入街道、社区、学校调查走访，共走访了 5 个社区科普大学教学点和新建、已建社区科普活动室，摸排 12 处科普活动点。

三是通过分析和研究微课堂在社区科普大学中的可行性，还特别对作用和构建模式进行了分析。通过构建微课堂体系和方案、设计实例等方法，利用微信、QQ等进行实践应用，在实践的基础上进行体系构建、标准制定、建设方案探索。

（二）调查内容

根据调查目的、调查对象的设定，调查的主要内容包括以下五大模块。

第一模块：社区科普大学参与人员信息调研，包括性别、年龄、家庭收入、学历、职业类别、定居类型等。

第二模块：对社区科普大学开设方式和要求及居民对社区科普工作的建议和意见进行调研。包括社区科普大学的规模和形式，科普知识宣传的地点和形式，科普活动经费来源和组织；社区居民参与社区科普大学学习的时间安排、学习科普知识的主要来源、线上学习科普知识的主要工具、线上学习科普知识的主要来源及参与科普活动的年预算和支出。

第三模块：对社区科普大学教学活动认知调研。包括利用科普媒介接受科普知识的方式、当地科普场所及社区科普大学的布局和设置点分布、参加科普活动的主要目的、参加科普活动对日常生活、工作或学习的帮助、对科普活动的综合评价等。

第四模块：对科普知识内容调研。包括在社区科普大学中最关心或最喜欢的科普话题、最关心的健康问题、最关心的环保问题、最关心的科技知识。主要涉及科技人文、生活科技、生态环境等重大问题、社会热点、实用科技、科学幻想等，具体内容不限于健康问题、科普相关政策法规、科技与生活、食品与健康、污染与健康、社会老龄化问题、患病的原因、气候与疾病、生活科学知识、工作科学知识、军事知识、科学育儿、宠物知识、交通问题、职业技能等。

第五模块：重点调研社区科普大学受众对科普大学的意见建议。主要包括社区科普大学需要增加哪些活动内容、需要开展哪些方面的科普活动及社区科普大学的建设模式和作用发挥等问题，通过收集的意见建议，可以在促进微课堂教学模式在社区科普大学建设过程中开展并发挥作用。

四、调查结果分析

（一）社区科普大学社区老龄化情况统计

通过资料查阅和分析，渝北区辖 19 个街道（含两江新区直管区 8 个街道）11 个镇城市建成区 170 平方千米，截至 2019 年，户籍常住人口达 163 万人。据初步统计，60 岁以上人口约为 13 万人，占比 15.4%。居住总人口约 104 万人，而 60 岁以上人口约为 15 万人，占比 14.4%，说明渝北区老龄化程度已经很高（图 1）。

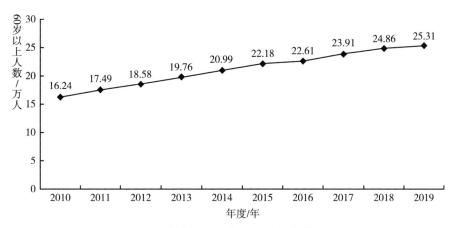

图 1　渝北区 60 岁人口数及其构成

1.老龄化速度快、老龄人口多、社会分层明显、社会结构复杂、城乡差距大、区域发展不平衡，移民特征明显

渝北区作为重庆市对外开放的第一门户，是两江新区主阵地，外来人口剧增，由于传统尽孝观念影响，渝北区的老年人将会随着外籍老年人迁入逐年增加（图 2）。

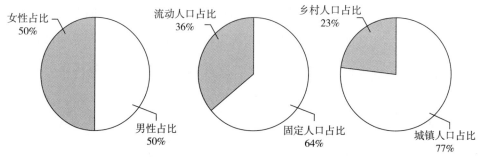

图2　2019年年末渝北区人口构成

2. 人口老龄化进入加速期

过去的10年，渝北区60岁以上人口从6万人增加到13万人，年均增加0.7万人，年均增速8%，特别是近5年来，60岁以上人口新增6万人，占比达22%，年均增长1.2万人，年均增速9%。农村地区空巢老人增长迅速。由于独生子女家庭多，外出务工人员多，进城新生代农民成为城市发展的主力，由此导致农村空巢老人数量多，据不完全统计，渝北区农村空巢老人数量已近2.5万人，且低收入户快速增长。

3. 社区关爱相对滞后

由于原农村老龄化人口多，外来人口为尽孝随迁入社区的老龄化人群随城市经济发展迅速增加，因而导致人口的空巢化、高龄化、失能化严重。

（二）社区科普大学人员信息情况

通过调查问卷、走访、座谈等形式统计，社区科普大学人员性别以女性为主；在人员类别分布上以固定人口为主，但流动人口占比也很大，流动人口中外来人口最多，包括来渝工作子女父母和照看后辈的人员，人员成分复杂且占比较高。

通过网络问卷调查，对参加社区科普大学的居民文化程度进行统计分析（图3）。由于老年人对于网络和智能设备使用不熟练，在网络调查时，主要通过青年人进行间接调查。

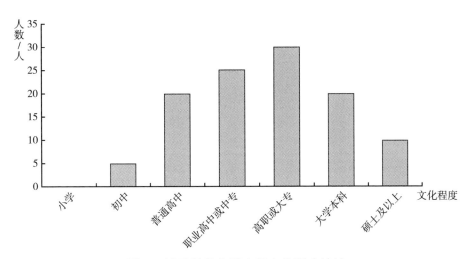

图3　社区科普大学人员文化程度统计

结果发现参加社区科普大学的居民的学历以中专和大专为主，少部分为初中和硕士及以上学历，这是由于中老年人在其所生活的年代接受文化教育程度不同，特别是流动人口，其多为低学历人员，高学历人员主要是大学和科研院所退休人员。

由群体类别可以看出，社区科普大学人员以社区居民为主，企业职工和农民次之，公务人员最少，这与社区科普大学的人群分布存在着直接关系，也契合渝北区为城乡结合区的情况。因此，社区科普大学的建设要根据受众特点有针对性地建设。

由职业类别调查发现，社区科普大学人员以退休人员为主，服务业从业人员最少，这反映出：由于退休人员闲暇时间多，因而其参与社区科普大学的积极性高，是社区科普大学的主要人群。由于渝北区餐饮业发达，服务业从业人员的时间和精力不足，因此参加社区科普大学的较少（图4）。这就要求我们在社区科普大学建设过程充分考虑群体需要，适当调整集中授课、定点授课方式，利用碎片化时间。

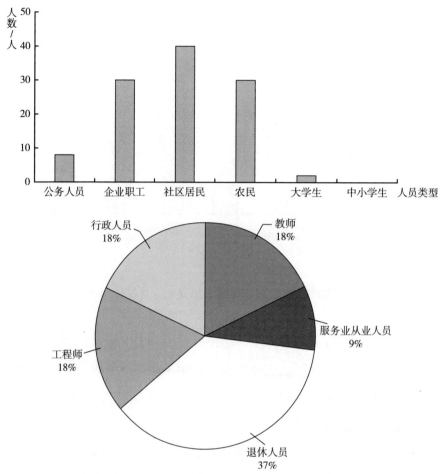

图 4　社区科普大学人员类型与职业比例分布

（三）社区科普大学人员学习情况调查

从社区科普大学人员对科普知识的获取途径看，其以手机 App 和网络为主，报纸和图书也占有一定比例，这与互联网的普及密不可分。

社区科普大学人员的学习工具以手机、电视为主，这与智能手机和互联网的广泛普及有关，但电视作为重要的信息传播载体也占有很大比例，因为老年人对智能手机等智能电子产品的使用还存在着不熟悉的情况，因而作为传统科普传播工具的电视依然很重要（图 5）。

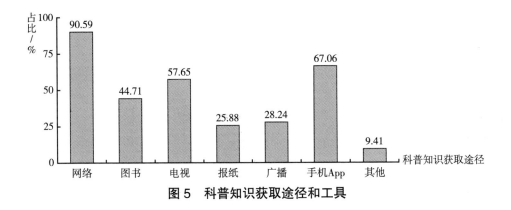

图 5 科普知识获取途径和工具

从科普知识来源上看，电视课堂占比较高，微信、影视广播、自媒体等新型知识传播渠道也发挥着极为重要的作用。特别是微信、QQ 群的占比较大，这与老年人通过通信工具进行信息、视频交流有直接关系。同时，知名专家授课、高校专门课堂等也成为老年人获取科普知识的重要途径（图 6）。

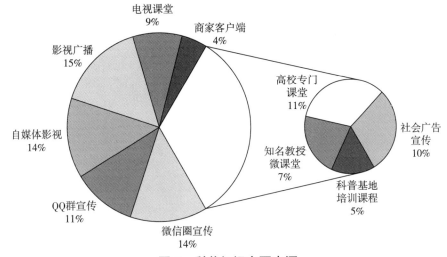

图 6 科普知识主要来源

从科普宣传形式上看，易于被居民接受的方式主要有图片展览、影视宣传、咨询讲座等，以动手操作为主的科技制作比赛也成为重要形式。在科普知识宣传和学习过程中，通过形象、生动的形式开展能够强化老年人的接受程度。同时增加动手实践的科普活动，提高公众科普学习的参与性（图 7）。

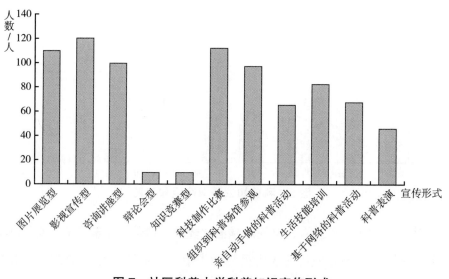

图7 社区科普大学科普知识宣传形式

从社区科普大学的开办地点看，社区居民以自己在家学习及在社区科普专用场地学习为主。因为老年人碎片化时间多，集中学习的时间较少（图8）。

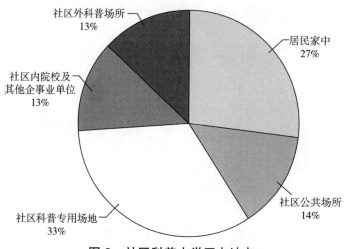

图8 社区科普大学开办地点

集中学习、集中授课也是老年人比较喜欢的方式，通过社区科普大学集中学习可以方便老年人之间的情感交流，充分利用业余时间。同时充分利用老年人的碎片化时间，加强科普知识的宣传和学习。

从社区科普大学学习时间安排看，社区科普大学的老年人集中的时间相对较少，建立统一课堂教学在时间上无法安排。但他们每天的碎片化时间较多，因此在具体学习时间安排上，可以考虑把碎片化时间充分利用起来，使其发挥重要作用（图9）。

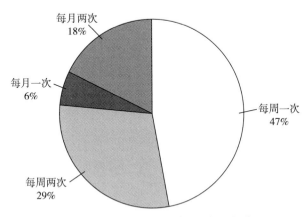

图9　社区科普大学学习时间安排

（四）社区科普大学学习满意度调查

　　从学员对社区科普大学学习满意度调研中可以发现，社区科普大学已被广大居民接受，其科普学习和效能得到了广大老年群体的充分肯定，老年群体参与积极性高，这为社区科普大学的开展奠定了坚实的基础（图10）。

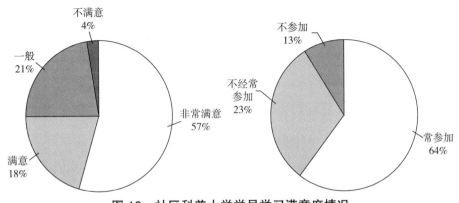

图10　社区科普大学学员学习满意度情况

调查发现，社区科普大学存在的问题中宣传力度不够占比很大，科普工作者素质参差不齐和硬件设施不足也是制约社区科普大学发展的重要因素（图11）。

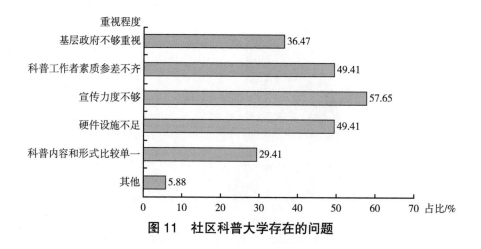

图11　社区科普大学存在的问题

（五）社区科普大学学员学习目的调查

从社区科普大学学员学习的原因和目的分析可以看出，学员参加科普大学学习主要出于个人兴趣，为了增长生活知识与技能（图12）。在社区科普大学学习可以根据个人的兴趣爱好选择一些符合自身实际需求和喜好的科普知识。

除了学习科普知识，老年群体也希望能够通过社区科普大学学习提升一些生活技术，从而跟上时代的发展，增长科普知识、了解各种新兴科技等。

通过调研发现，社区科普大学开展的各类科普讲座和科普宣传起到了极为重要的作用，对于老年群体兴趣爱好的增长、日常生活的帮助、科普知识的学习发挥着不可忽视的作用，这表明社区科普大学建设的必要性与可行性（图13、图14）。

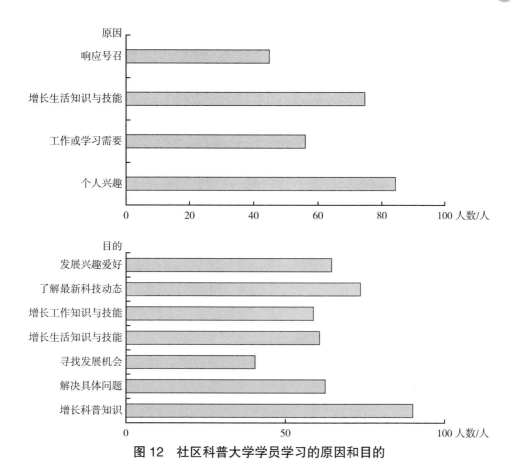

图 12 社区科普大学学员学习的原因和目的

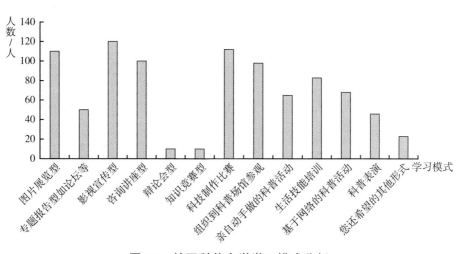

图 13 社区科普大学学习模式分析

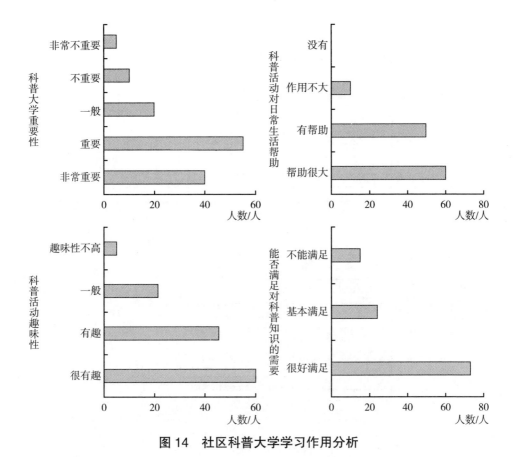

图14　社区科普大学学习作用分析

（六）社区科普大学学员学习内容调查

从社区科普大学学员学习内容看，学员最感兴趣的内容主要集中在实用科技、科技知识及生活科技，作为社区科普大学主要参与人群，老年人的兴趣爱好也主要集中在实用科技方面，通过学习实用科技、生活科技及必备的科技知识满足自身各方面需求，这与社区科普大学的建设目的相适应（图15）。

在与老年人座谈和交流时发现，老年人参加社区科普大学主要是为了利用闲暇时间，在学习知识的同时增强与同龄人进行情感的交流，如学习了解养生、饮食、健康生活方式、疾病的防控等方面的知识，学习一些新兴科技，做到不落伍，跟上时代步伐。

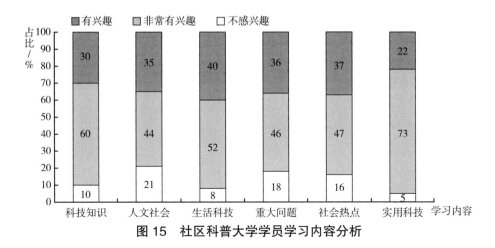

图 15　社区科普大学学员学习内容分析

　　从社区科普大学学员学习关注重点看，健康和环保相关内容是老年人关注的重点，健康主要是自身健康的问题，特别是对于老年人常见疾病知识的学习、防控等。

　　环保是老年人特别关注的问题，主要因为老年人责任意识和环保意识较强，且参加社区科普大学的老年人以女性为主，因而对加强环保、整治噪声，特别是对绿色食品、自然食品、天然食物、养生和健康更为关注（图16）。通过对调查数据的分析，中老年人最关心的问题主要集

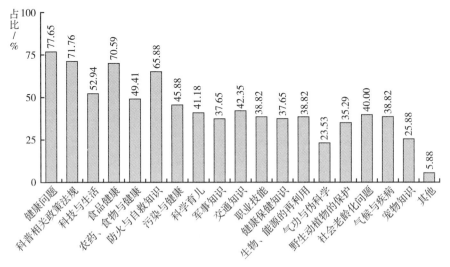

图 16　社区科普大学学员学习关注重点统计

中在日常生活中的科学知识、健康问题、农药食物与健康、科学育儿等（图17）。

由社区科普大学详细学习内容看，中老年人对自身健康和后代教育十分关注，对其他科普知识也有一定兴趣，这说明在社区科普大学建设过程中，必须把握重点，兼顾全面，做到以点带面，全面发展（图18）。

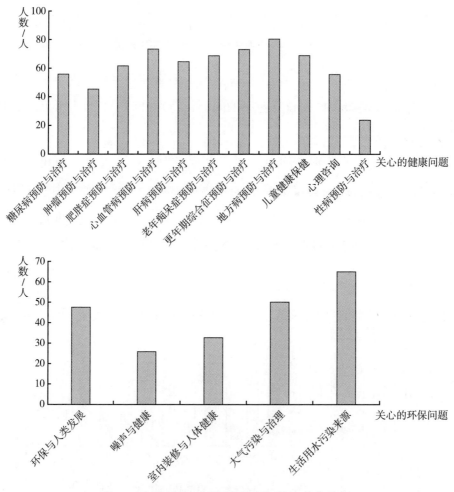

图17 社区科普大学学员重点学习内容分析

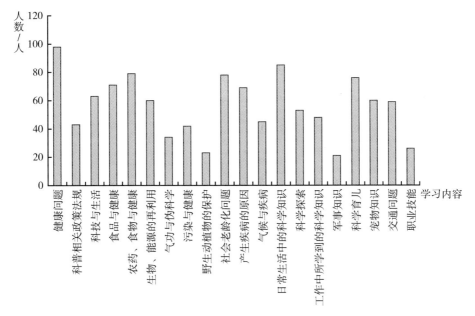

图18　社区科普大学详细学习内容分析

五、调查研究结论与意见建议

（一）微课堂在社区科普大学开展具有必要性

城镇60%～70%的独生子女父母年老后与已婚子女不住在一起，因此社区空巢老人需要被关注。如何为这些空巢老人提供关爱，确保老人在日常生活中健康快乐显得尤为重要。

随着网络、新媒体平台等的普及，在平台上充斥着各类养生、保健广告等占用中老年群体大量闲暇时间的信息，由于老年人鉴别能力和科学知识局限，导致被骗、被误导的情况时有出现，这就需要社区科普大学更新教学模式、转换观念，把网络工具充分利用起来，研究信息化模式下的科普引导、知识普及思路。

微课堂作为一种新型数字化学习平台，以其便捷、灵活、微小的特点满足了学员快速获取知识的需求，更好地迎合了人们的学习习惯。因此以社区为单位，使社区中的空巢老人通过微课学习科学知识，从而使得社区空巢老人的生活更加便利与丰富多彩。

（二）微课堂在社区科普大学中着力发挥桥头堡作用

一是要建立社区科普大学师资人才动态管理机制，摸索"从学员到老师"实施广泛的反馈机制。建立以志愿者为主的师资人才管理机制，以情感投入拴心留人的管理机制，做到课程内容策划安排上求实效，在教学质量的提高上求实效，在不断提高服务水平上求实效。

二是创建"科普大学微课堂"微信公众号。通过创建"科普大学"微信群、微信公众号或依托各类成熟机构设计手机 App，将制作出的微课进行展现与推送，可以使广大社区居民不受时间和空间的限制观看学习。

三是在有线电视台建立"社区科普大学"专栏，将授课视频、微课堂内容进行专栏播放，利用电视这一媒介提高微课堂的普及率，更好地发挥微课堂的科普作用。

四是结合社区活动进行推广。社区活动越来越频繁，进入社区，与老年人一起交流、沟通，同时宣传与推广微课堂。在此过程中可以亲身与社区空巢老人交流微课堂的不足之处，通过收集的宝贵意见，完善微课堂。

五是健康状态分析。调查发现，老年人容易出现耳鸣、幻听、听力下降的情况。老年人学习能力也有所下降，对于他们来说通过微课堂学习是有困难的。因此微课堂在社区科普大学建设过程中，要针对老年人的实际情况进行有针对性的设计，确保微课堂的适应性。

（三）微课堂在社区科普大学中要立根强基

通过对社区空巢老人开展问卷调查，回收有效问卷 200 多份，调查的主要目的是了解当今社区空巢老年人的实际需求，并对老年人需求进行汇总与分类。根据分析发现，将微课堂融入科普大学建设，必须在踏实、立根、强基上抓好抓实，要立足于老年人的实际情况，根据调研确立的实际需求抓实，切忌搞花架子、面子工程。

1. 微课堂形式设计原则

录制时间长短得当。依据老年人的特点，每节课的录制时间不超过 5 分钟，相较于传统课时更符合视觉停驻规律，从而保证了老年人观看时注意力集中，使他们学习的兴趣持续。

内容相对精准，微课每节课的内容突出主题，知识点具体单一，不片面追求大而全，将问题聚焦、突出主题，主要针对某个知识点进行教学。如微信聊天这部分共分为四个课时，即微信发送文字消息、微信发送语音消息、微信发送图片、微信视频。主题更加突出，学起来简单明了。

微课堂资源容量小，所占空间小，整个微课资源总容量控制在几十兆，视频格式通常是支持网络在线播放的流媒体格式，可通过手机等移动设备，利用碎片化时间进行学习，可通过在线学习或下载学习资源进行多次学习，达到学习目的。

2. 微课堂学习内容设计要求

微课堂的学习内容以学习需求为目标进行设计。确定学习需求分析就是充分了解和研究学习人自身需求的过程。问题基本源于生活，都是日常生活中人们经常遇到的问题。在现实生活中发现、挖掘学习情境资源，体现知识的应用条件，阐明知识在实际生活中的价值。依据调查问卷，制定微课堂的内容分为四类：通信类、娱乐类、出行类、养生保健类。这四类所涉及的现代技术常用于日常生活，社区老年群体通过学习系列课程，可以使得自己生活得更加便利，有利于满足身体和精神的需求。

3. 微课堂的功能界面构建标准

微课堂的情境设计要多采用问题情境，带着问题去学习，从而激发老年人的学习兴趣，提高社区老年群体的学习积极性。这样便可激发他们学习和探究的欲望，并促使他们把知识转化为技能。多采用动画设计情景，如通过动画设计老奶奶与孙子对话，更加贴切老年人的心理需求，增强真实性与亲切感，从而使所设计的微课堂更符合老年群体。

微课堂的界面设计应该清楚明了。界面是用户使用过程中最直观的层面，界面色彩需鲜艳，鲜艳的颜色，强烈的对比，风格的统一，这些更符合老年人的使用需求。重点内容画面简洁、突出，让老年人能进行精确的学习，显示的字体或图片突出，从而避免老年人遗漏关键内容。

六、研究结论

以渝北区及重庆部分地区社区科普大学及学习人群为（以中老年人为主）调研对象，调查分析了微课堂在社区科普大学建设与作用发挥相关内容。

研究发现，微课堂作为一种新型的基于互联网的碎信息化教学模式，是克服传统教学资源局限性而发展起来的一种新型教学资源及应用模式。依托微课堂等，从社区老年人的需求出发，设计情境、学习内容和界面，确保社区老年人高质量的学习，通过建立社区活动与老有所乐等微信群、微信公众号，使得"老年微课堂"能够展现在广大社区居民眼前，进行沟通、交流、反馈，不断完善课程，使得社区老年人的生活丰富多彩。通过微课堂的学习模式，可以让社区中老年人通过电脑、手机等就能轻松学习到科普知识，在潜移默化中培养其爱科学、学科学、用科学的意识，使微课堂成为科普宣传走进千家万户的一座重要桥梁，成为社区科普大学现场教学相辅相成的重要形式。

新媒体环境下科技馆应急科普能力建设研究

——以重庆科技馆为例

重庆科技馆　缪庆蓉

摘要： 2020年年初，新冠肺炎疫情暴发，为有效阻击疫情，各个城市发出了严格的"居家令"，公众的主要活动范围由"线下"转为"线上"。同时，重庆科技馆无法开展线下科普活动，"线上"科学传播显得迫切且意义重大。结合疫情防控初期，重庆科技馆线上应急科普实施情况，分析新媒体环境下公众对科学传播的需求、新媒体对科学传播模型的影响，通过对公共卫生突发事件传播阶段的研究，提出科普场馆应急科普体系的建设思路。

关键词： 应急科普；科学传播模型；大众媒体

科普场馆是我国传统的重要科普平台，作为公益性的科普产品和服务提供方，依托场馆展品、展项及科普活动，在激发公众科学兴趣、传播科学精神、提升公众科学素养方面发挥着重要作用。然而，在新冠肺炎疫情下，科普场馆的线下科普活动受到限制，面对突如其来的改变，科普场馆应该如何在这个网络化、信息化的时代，有效地承担起应急科普的责任？本文从应急科普的特点出发，分析新媒体环境下公众的需求与科普场馆应急科普工作开展的情况，结合重庆科技馆在疫情防控中采取的应急科普案例，总结经验，为科普场馆建立应急科普机制提供参考。

一、新媒体环境下的应急科普

（一）应急科普的定义

关于应急科普的定义，存在应急科普常态化与非常态化的争议。

主张应急科普常态化的一方认为，应急科普是为了预防和应对突发事件而开展的常态化的科普宣传和教育。如董泽宇、刘彦君指出应急科普是为了预防和应对突发事件，在事件发生过程及常态生活中展开的科普宣传工作。翟立原则从应急科普内容方面指出：应急科普是通过普及、传播和教育使公众了解与应急相关的科学技术知识、掌握相关的科学方法、树立科学思想、崇尚科学精神，并具有一定的应用它们处理实际突发问题、参与公共危机事件决策的能力。

主张应急科普非常态化的一方认为，应急科普是基于发生某个突发事件，针对突发事件中的问题展开的科普活动。如朱登科、石国进、王大鹏等学者提出应急科普就是针对突发事件中的问题展开的科普，突发事件的发生是应急科普的前提，不应与常态化科普混为一谈。

基于上述观点，本文中的应急科普可概括为为了有效应对突发公共卫生事件，即公共卫生事件发生后面向公众开展的有关公共卫生事件的科普活动，引导公众了解科学知识、树立科学思想、掌握应对方法，提高公共卫生事件应对成效和公众科学素养。

突发公共卫生事件指突然发生的，造成或可能造成社会公众健康严重损害的重大传染病疫情、群体性不明原因疾病、重大食物和职业中毒及其他严重影响公众健康的事件。本文中提及的新冠肺炎疫情属于突发公共卫生事件。

（二）应急科普的特征

应急科普的特征主要表现在时效性、针对性和科学性三方面。时效性是基于突发公共卫生事件的突发性而言的，它不同于常态化科普，需要在公共卫生事件发生后，迅速对相关科普知识进行整理、宣传；针对性指依赖公共卫生突发事件本身，触发的时间是公共卫生事件发生后，公众因对相关科学知识匮乏而产生需求，涉及的内容为公共卫生事件本身；科学性指当公共卫生事件发生后所开展的科学普及工作，内容多为事件相关的科学知识、原理、应对方法等，以便避免公众因科学知识匮乏而产生恐慌、不安的心理。

（三）新媒体环境下应急科普存在的问题

根据中国互联网络信息中心发布的第 36 次《中国互联网络发展状况统计报告》显示，截至 2015 年 6 月，我国网民达 6.68 亿人，互联网普及率为 48.8%。手机网民达 5.94 亿人，网民中使用手机上网的人群占比为88.9%。由此可见，网络用户是应急科普受众的重要群体。

以门户网站、微博、微信等为代表的新媒体在突发公共卫生事件中对科学知识的传播与普及产生了重要的作用，新媒体的出现不仅使事件相关科学知识迅速地传给受众，而且"转发"使得受众的身份由接受者转换为传播者，这对应急科普产生了一些负面影响。除此之外，应急科普本身因准备不充分，也会导致系列问题。

胡莲翠研究指出，公众对应急科普存在问题的看法有科普形式单一、科普场馆等基础设施不够完善等 7 个方面（图 1）。

调查结果认为科普场馆等基础设施不完善、科普形式单一不够新颖、公众参与度低等占比超过 60%，结合 2020 年新冠肺炎疫情发生后的具体情况，对当前应急科普存在的问题作如下分析。

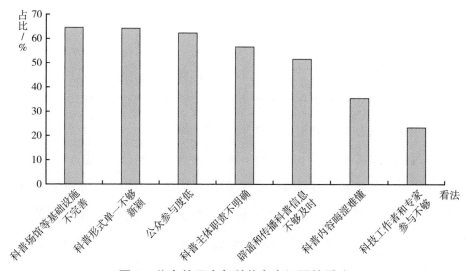

图1　公众关于应急科普存在问题的看法

1. 科普场馆响应速度较为滞后

由于新冠肺炎疫情，科普场馆科普职能发挥整体由线下转为线上，正是这一转变导致在新冠肺炎疫情发生初期，科普场馆对疫情相关科学知识、原理、方法、思想的搜集整理不够迅速，线上传播渠道、资源调动较为被动，应急科普职能发挥效果不够明显，内容较为单薄。

2. 信息传播混乱，有效信息的表达受阻

在新冠肺炎疫情发生初期，网络上出现了很多相关消息。有消息称，不要穿毛线或毛绒类衣物，病毒在上面的存活时间会很长，还有消息称，病毒不喜欢毛线或毛绒类环境，更喜欢光滑的表面，等等。这类问题让公众不知道如何区分真假，也不知道该如何在特殊时期采取有效的预防措施，给公众在心理上造成一定压力的同时，还大量占用了有效信息的传播空间。

3. 单向传播为主，公众"理解"科学有距离

新冠肺炎疫情期间，网络上涌现出许多官方建议，但在实际操作中，因为过于粗略，使内容晦涩难懂，容易给公众概念模糊、似是而非的感

觉。例如，在戴手套的问题上，有专家表示"一般不需要戴手套"，但是这个"一般"与公众日常生活行为的复杂性存在脱节，如购物、坐车等都是比较频繁的生活行为，不能让公众真正放心。

4. 对话专家不够，存在对"科学"的怀疑与争论

关于新型冠状病毒可以活多长时间的问题，随着研究的深入，专家的说法是不断变化的，从最初的病毒只是一个基因片段、必须依靠宿主生活、离开宿主很难存活，到飞沫可以传播、可以存活数天，再到气溶胶传播等。公众的认识随着科研的进行不断被刷新，对于"科学"的思考和阶段性、争议性的讨论在网络上也显得愈加突出。

二、受众参与下的科技馆线上科学传播

根据应急科普的特点与新媒体环境下应急科普存在的问题，结合科学传播模型，对公共卫生突发事件按预警阶段、发散阶段、缓平阶段构建科学传播系统（图2）。

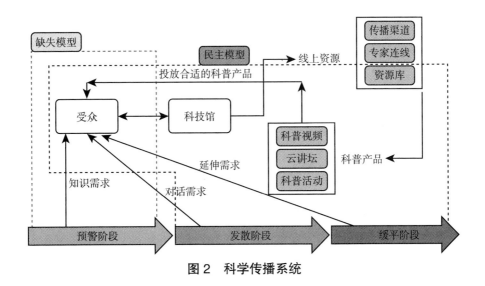

图2　科学传播系统

（一）预警阶段

疫情预警阶段是应急科普工作开展的难点，每次突发公共卫生事件伴随的都是新的科学技术问题，公众在认知水平达不到的情况下，容易接受小道消息，滋生谣言，甚至造成社会恐慌。

英国科学技术与医学帝国学院的公众理解科学教授杜兰特早期提出的缺失模型认为：公众缺乏科学知识，需要提高他们对于科学知识的理解。缺失模型的传播路径是单方向的，通过科学知识的传播来填补公众科学知识的空白。在疫情预警阶段，对于伴随公共卫生事件的新的科学技术问题，如病毒的性质、人的发病特点、应对方法等是公众不具备认知但又渴望获取的信息。因此，受突发公共卫生事件的刺激，公众知识缺失需要在短时间内通过科学传播来弥补，这一特征是非常显著的，也是在应急科普过程中应当予以重视的。

在预警阶段，科普场馆线上应急科普的重点是要建立公众对突发公共卫生事件的科学认识，随着研究进程的推进，整合科普资源，配合线上传播渠道向公众投放传染病性质、发病特点、防护和应对措施、隔离办法等专业知识。

（二）发散阶段

在发散阶段，关于公共卫生事件的科研和疫情防控取得明显成效，关于疾病本身的发病机制、致病方式、诊断标准及治疗方法等有了较为明确、科学的认识。这一阶段也是传染病病例数、社会影响力、公众对传染病相关科普需求同步上涨的时期。

受网络传播的影响，公众的需求、应急科普传播的形式和内容逐步呈现出多样化，在上一阶段适用的"知识缺失"传播模式在发散阶段逐渐显露出传播的弊端，公众在建立初步科学认知后再接收信息，可能会有不同的理解。杜兰特观点由"缺失模型"向"民主模型"转变期间也提出：我们要把科学作为公众知识来看待，作为一个发展变化的发现体系来看待，这个体系的范围、局限、应用和影响是可以让公众来审查、讨论的。综上，本文认为在疫情发散阶段，应急科普的开展更应该注重建立公众与科学之间平等、对话、合作的交流平台，尤其是在新媒体环境下，公众与"科学"对话的需求变得更为突出。

秦枫的《新媒体环境下科学传播分析》表明，在新媒体环境下，科学传播的消息来源增多、传播方式丰富化、传播内容与领域拓宽且强化与受众的互动性。在具备科学素质的公民中有91.2%通过互联网及移动互联网获取科技信息，互联网已成为具备科学素质的公民获取科技信息的第一渠道。新媒体的出现、互联网的发展，为公众参与"科学"，建立公众与科学之间平等、对话、合作的关系奠定了基础。

科普场馆线上应急科普在发散阶段的重点是建立公众与科学对话的平台，通过数字科技馆、微信公众号、官方微博、短视频等渠道，结合不同渠道的特征，就病毒的继续科普、公共卫生实操性防护、公共场合防护措施、心理引导及干预等方面发起对话或讨论，与此同时，还应以适当的形式邀请专家加入对话。

（三）缓平阶段

疫情缓平阶段指疫情在地区范围内得到了有效控制，病例数递减，社会复工复产，公众的生活逐步恢复正常，对新冠肺炎疫情消息的关注度有所下降。

这一阶段，科普场馆线上应急科普的内容可主要围绕科研进展情况、传染病预警、疫情暴发潜在性方面开展。与此同时，应急科普逐渐向常态化科普转化，公众对应急科普的需求属于延伸需求。

三、重庆科技馆关于新冠肺炎疫情的线上应急科普实践

（一）线上应急科普实施概况

2020年年初，根据全国新冠肺炎疫情防控情况，重庆科技馆于2020年1月27日暂停对外开放。

2020年1月25日—2月5日，重庆科技馆通过官网、微信公众号、微博等平台发布了关于科学预防新冠肺炎疫情的消息，包含公众就医指南、新型冠状病毒介绍、出行提醒、科学实验挑战赛等内容。2月6日发布《家庭防控新型冠状病毒感染的肺炎疫情状况调查问卷》，通过调查，及时了解市民家庭疫情防控的真实情况。与此同时，发起"消灭无聊宅"线上资源推荐，为公众整合了科技馆相关的线上活动资源，如线上竞赛活动、《慢先生》科普视频、《MR.Q》科普视频等。2月23日，重庆科技馆正式启动"春天里的科技馆"系列科普活动，"家有科技馆"和"线上有春天"两个阶段的活动以线上的形式开展。活动内容包含群众意见收集、新冠肺炎疫情相关科普知识、疏导情绪等心理知识和方法、自然教育、野生动物及美丽乡村等，开设线上分享交流和话题讨论板块，在科技馆QQ群、微信群同步开展。2月27日，"暖春行动·特别的爱给逆行的您"致敬战"疫"白衣天使科普活动正式启动，该项活动主要面向医务工作者，包含免费观影、展厅科教活动、科学运动会系列科普活动等内容。3月15日，重庆科技馆科技·人文大讲坛"云话科普"活动开幕，活动以线上的方式面向亲子开展科普宣讲。首场讲座以"居家卫生"为主题，重庆市院士专家进校园科普演讲专家团成员、重庆医科大学教授赵勇应邀作题为"大手拉小手　分餐我做主"的讲座，向市民分享家庭分餐、吃得文明等热点话题，为公众带去具有实践意义的科学知识。

汇聚数字科普资源，整合多个传媒平台，搭建"1站3厅1行动"的

线上科技馆，贯通官网、微信、微博等平台，开展"'宅'家战疫情，'云'游重科馆"系列活动，陪伴公众宅家学科学、用科学、玩科学，齐心共抗疫情，履行社会责任。

（二）存在的问题

1. 针对性、系统性、时效性有待加强

综合前期应急科普活动内容来看，应急科普活动缺乏整体规划。在疫情发散阶段，重庆科技馆开展的科普活动较为丰富，但就预警阶段、发散阶段及缓平阶段本身来说，所开展的活动针对性不强，且稍显滞后。

2. 线上科普渠道和活动形式有较大提升空间

线上科普渠道和活动的线上互动性和对话交流有待加强，尤其是直播互动板块较为缺失，云参观、云展览、云论坛等资源匮乏。

3. 专家与公众对话平台有待扩大

建立专家资源库，在预警阶段、发展阶段及缓平阶段，有必要搭建对话平台，让公众有机会通过科普场馆与公共卫生事件相关专家学者进行互动交流，尤其是及时传授甄别有效信息的方法帮助公众掌握正确防护措施等。

四、科普场馆应急科普体系建设思路

（一）明确管理主体，建立应急科普管理流程

非突发事件发生期，应明确科普场馆应急科普管理主体，配套应急科普体系建设资金，建立应急科普管理流程，在科普场馆职责范围内，对应急科普响应、启动、推进等环节有明确的规范要求。当突发事件发生时，可以立即按照《应急科普管理流程》启动应急科普程序，有计划、有序、有效地推进应急科普工作。

（二）搭建应急科普协同平台

以网络平台、院馆平台、资源平台落实应急科普体系建设发展。

一是搭建科普资源平台。日常生活中，除公共卫生突发事件外，还可能出现洪涝、地震、干旱等突发事件。除在科普场馆日常开展科普活动外，还可在科普活动开展过程中与专业科研院所、应急部门、疾控中心、气象局等单位建立联系，当突发事件发生时，相关专业部门可为科普场馆提供专业的科普宣传建议。

二是构建网络传播平台。一方面，除现有门户网站、客户端、微信、微博等线上推广渠道外，还可以加强云参观、云活动、云直播，丰富线上活动推广和参与渠道；另一方面，加强与主流媒体合作。可通过日常科普活动与主流媒体建立合作关系，共同策划、开展活动，通过主流媒体的专业表达让科学与公众互动起来。尤其是在突发事件发生时，可以借助主流媒体的力量开展应急科普活动，扩大应急科普宣传推广力度。

三是建立科学专业资源库，让"科学家"与公众说上话。美国《2004科学与工程指标》针对科学家的调查显示：只有20%的科学家与媒体有过联系，42%的科学家没有参加过任何与公众有关的科学活动，主要原因是"没有时间"或"没想过"做科普。根据"民主模型"传播特征，科普需要科学与公众的联系，公众不是单方面接受知识的接受体，而是具有思维能力的共同体，需要在科学与公众之间建立一种平等、对话、合作的关系。搭建"专家"与"公众"的交流平台，为公众提供对话"专家"的机会，这是拉近科学与公众距离的有效途径。

（三）细分公众需求研究

2020年2月19—25日，重庆科技馆开展了"新型冠状病毒感染的肺炎疫情防控期间公众科普需求调查"，共收到有效问卷161份。本次问卷调查除对公众年龄及家庭情况基本了解外，还对公众喜欢的科普形式、科普主题、参与线上科普活动的态度、希望线上科普活动开展的时间及参与科普的渠道进行了调查。调查结果显示，84%的公众对于参与线上科普活动态度较为积极，科普电影、在家可开展的科学实验、科普图文及线上直播等更受公众喜爱。除新冠肺炎疫情科普知识外，公众也希望了解疏导情绪、缓解焦虑的方法。

基于公众需求开发设计的科普活动才是公众关注的、可有效参与的科普活动。不过在本次调查中我们也发现，参与调查的大多数家庭有小学及以下年龄段的孩子，因此，参与调查的人群可能集中在中青年，而对老年人和青少年群体调查得较少。

对比新冠肺炎疫情的科普对象，包括确诊患者、男女老少、重症轻症患者、疑似隔离人群、疫区和非疫区人群等，这些不同的科普对象对疫情防护或科学普及的需求是不同的。因此，在开展应急科普活动时，应首先就具体地区、公众特征、具体需求作深入分析，并开展有针对性的应急科普活动。

（四）应急科普传播内容方面

一是有针对性和时效性。根据前文所述的预警阶段、发散阶段、缓平阶段，设计开展有针对性的、符合阶段时效的活动。二是深入浅出、具有实操意义。在开展科普活动的过程中，无论是传播科学知识还是宣传科学方法，都要与公众的日常生活联系起来，所给出的建议应是公众乐于接受、概念明确且便于操作的。

（五）建立反馈评估机制

无论是突发公共卫生事件还是其他突发事件，都具有突发性这一特点，发生后要求科普场馆迅速整合资源，开展应急科普工作。但应急科普工作，尤其是线上应急科普工作对公众来说是否有效、公众的参与程度如何、对后续工作开展有何影响等问题都需要有反馈通道，以便评估活动的效果，也为后续活动的开展提供依据。

参考文献

［1］刘彦君，赵芳，董晓晴，等. 北京市突发事件应急科普机制研究［J］. 科普研究，2014（2）.

［2］朱广菁. 应急科普在汶川大地震中成效突显［N］. 大众科技报，2008-07-04.

［3］佚名. 抗震救灾中的应急科普［N］. 大众科技报，2008-07-06.

［4］胡莲翠. 突发公共卫生事件中应急科普作用研究［D］. 合肥：安徽医科大学，2016：22.

［5］李正伟，刘兵. 公众理解科学的理论研究：约翰·杜兰特的缺失模型［J］. 科学对社会的影响，2003（3）.

［6］秦枫. 新媒体环境下科学传播分析［J］. 科普研究，2014（1）.

建设科技智库

选题"靶向性"求准　建议"含金量"求高

——重庆市科协汇聚"最强大脑"服务科学决策

重庆市科学技术协会　秦定龙　向　文

重庆市科协深入贯彻落实习近平总书记系列重要讲话、指示精神和党中央决策部署，贯彻落实重庆市委、市政府和中国科协工作要求，坚决扛起为党和政府科学决策服务政治责任，按照选题"靶向性"求准、建议"含金量"求高的工作要求，团结带领科技工作者深入开展调研、积极建言献策，在推进疫情防控和经济社会发展工作中展现科协智库担当作为。2020年1—6月，共向中国科协和重庆市委、市人大常委会、市政府、市政协报送《院士专家建议》等决策咨询专报32篇，其中21篇获得省部级领导肯定性批示40则，7篇被中国科协《科技工作者建议》等内参采用，智库工作走在全国地方科协前列。

一、围绕大局选准题目

坚持把"资政启民、助推发展"作为智库课题研究的立足点、着眼点和切入点，想党委政府之所想、急人民群众之所急，切实提高智库选题的政治站位、理论站位和工作站位。

（一）在服务疫情防控上选好题目

"疫情就是命令，防控就是责任。"2020年春节假期尚未结束，重庆市科协智库工作部门率先复工。从 2020 年 2 月 3 日开始，聚焦新冠肺炎疫情防控这件"头等大事"，先后组织开展新冠肺炎疫情分析与发展趋势预测、家庭防控疫情调查、科技企业复工复产调查、高校毕业生就业状况调查、疫情防控背景下优化交通物流管理、疫情防控背景下加强社区智能化建设、加强重大公共事件应急科普中心建设、完善传染病防治机制等 18 项"短平快"课题研究，为研判新冠肺炎疫情发展趋势、优化疫情防控策略提供参考，切实将智库工作做到党委政府需要处、人民群众心坎上。

（二）在服务国家战略上选好题目

中央财经委员会第六次会议作出了推动成渝地区双城经济圈建设的战略部署。重庆市科协赓即组织院士专家从成渝双城经济圈建设的战略规划制定、人才队伍建设、教育科研发展、重点产业升级、创新生态打造等方面开展课题研究和专题研讨，先后报送《抓好"五个协同"推动成渝地区打造具有全国影响力的科技创新中心》《关于促进各类人才合理流动和高效集聚助推成渝地区双城经济圈建设的建议》《建立成渝地区双城经济圈高速公路联动执法机制的建议》等，多条建议意见被重庆市委、市政府及有关部门采纳。

二、多方联合组建团队

坚持把团队建设作为智库课题研究的重中之重，充分发挥党政人才、科技人才、智库人才等多学科、多领域背景人才在决策咨询中的作用，形成了市科协领导、院士专家、智库干部联合开展智库课题调研的工作格局。

（一）科协领导引领示范

重庆市科协将智库建设作为新时期提升科协影响力的战略举措，切实把智库建设摆上重要议事日程。重庆市科协党组充分发挥政治站位高、大局观念强、方向把握准的优势，在选题策划、专报审核等方面发挥引领作用。重庆市科协专（兼）职领导带队开展调研，撰写《新冠肺炎疫情下以信息化助推决胜脱贫攻坚的对策建议》等10篇决策咨询专报，有效发挥出示范引领作用。

（二）院士专家贡献智慧

充分发挥科技工作者在科技决策咨询中的主体作用，引导和支持科技工作者从本学科和专业领域出发，深入开展调查研究，运用专业知识参与政策措施制定。据统计，2020年1—6月，共有潘复生、向仲怀等8位院士和180多位科技工作者直接参与市科协智库课题调研，提出许多既有前瞻性、战略性，又有针对性、可操作性的建议意见。

（三）智库部门协调联络

充分发挥重庆市科协宣传部在重庆市科协智库课题调研中的枢纽作用，通过完善决策咨询数据库、专家库、成果库，搭建决策咨询资源共享平台，承办课题研讨会议，开展院士专家建议征集活动，起草、修改、报送决策咨询专报等，协助课题组提高课题研究质量。

三、创新方式开展调研

坚持把探索具有科协特点、符合项目实际的决策咨询方法作为智库课题研究的重要环节，科学运用问卷调查、座谈访谈、大数据分析等方法抓实调研工作，切实将课题团队和访谈对象的个体智慧快速凝聚上升为有组织的集体智慧。

（一）科学运用问卷调查法

紧密结合疫情防控期间更多群众活跃在互联网上的实际情况，积极通过网络问卷方式开展高质量、高效率、低成本的问卷调查，为课题研究提供有效支撑。例如，2020年2月5—6日开展家庭疫情防控快速调查期间，仅2天就收到有效问卷8761份，帮助课题组查找出了家庭防疫物资严重短缺、重点人群防护亟待加强、市民防控意识总体不高、部分市民心理状况出现偏差等突出问题，2000多名受访者还通过回答开放式问题提出了加强家庭疫情防控的对策建议。

（二）有效运用建议征集法

针对疫情防控期间不宜召开聚集式研讨会议的实际情况，广泛采取建议征集方式进行课题研究。即针对具体调研课题，分别印发征集建议的函件，充分发挥科协的组织优势，点对点邀请多名专家聚焦调研主题查找突出问题、提出对策建议，再由课题组核心成员和智库专职干部结合文献研究和自身积累，对征集到的建议意见进行系统梳理，形成高质量决策咨询专报。

（三）探索运用数据分析法

探索将数学建模、计算机编程等运用到决策咨询课题研究中，为开展科学评估、进行预测预判提供技术支撑。例如，2020年2月，重庆市科协常委、重庆国家应用数学中心主任杨新民带领研究团队，基于官方发布的新冠肺炎疫情信息，通过建立时间序列模型、Logistic模型和Bernstein函数，采取计算机编程，对全国及重庆市新冠肺炎疫情发展趋势和确诊病例数等进行较为准确的预测，为重庆市前瞻性谋划疫情防控工作提供依据。

四、切实提高成果质量

坚持把成果产出作为智库课题研究的核心目标，向中国科协和重庆市委、市人大常委会、市政府、市政协报送一批高质量的决策咨询专报，切实推动多项建议意见获得领导关注、进入政策流程、发挥实际效能。

（一）畅通决策咨询渠道

将重庆市科协主办的决策咨询专刊《科技工作者建议》提档升级为《院士专家建议》，成立《院士专家建议》编辑部，充分运用《院士专家建议》主渠道和重庆市委办公厅《信息专报》、重庆市政府办公厅《专报信息》、重庆市政协科协界委员提案等，有效保证了重庆市科协决策咨询专报精准送达中国科协和重庆市委领导。

（二）严格控制专报质量

研究制定"《院士专家建议》体例格式"，规范专报的结构、内容、话语体系等。专报编辑部会同课题组，在课题立项之初即对专报撰写进行深度交流；在课题结项前对专报进行反复修改、论证，确保专报的"标题"言简意赅、直奔主题，反映的问题抓住关键、切中要害，提出的建议能够解决实际问题、便于有关部门落实。建立编辑部负责人、市科协决策咨询专家、市科协领导三层审核机制，有效保证专报的科学性、严谨性和含金量。

（三）着力提升成果影响力

推动智库与媒体融合发展，在重庆科技报、重庆科协网开辟"科技智库"专栏，推荐优秀智库成果在《今日科苑》《科协论坛》等发表，将部分优秀智库成果收录到每年定期出版的《科协改革研讨会论文集》，全面提高智库成果的决策影响力、学术影响力、社会影响力和科协智库的贡献率。

对提升科协组织建言献策水平的几点思考

——以江苏省科协组织为例

江苏省科学技术协会调研宣传部　金　雷

摘要： 本文围绕提升科协组织建言献策水平，以江苏省科协组织为例，剖析了科协组织建言献策工作的现状，指出科协组织开展建言献策仍存在一些不足，主要是选题着力点需提升、内容质量参差不齐、时机把握不够精准、可操作性有待加强、主动参与性需提高。最后，从突出"针对性"、严守"政治性"、瞄准"前瞻性"、讲究"时效性"、注重"务实性"、形成"导向性"6个方面提出对策建议。

关键词： 科协；建言献策；思考

近年来，各级科协组织认真贯彻习近平总书记关于积极推动科学家同决策者和社会公众之间的交流，充分发挥党和人民事业发展的思想库作用的重要指示精神，积极落实中央书记处强调的"中国科协要加强决策咨询和建言献策工作，提供更多有价值的咨询建议"的要求，充分发挥科协组织的桥梁和纽带作用，围绕服务党委政府科学决策、助力经济社会高质量发展、团结引领广大科技工作者积极为党委政府建言献策取得了较好的成效。

一、科协组织建言献策工作现状

（一）科协组织建言献策的责任感、使命感进一步增强

各级科协组织牢记习近平总书记关于中国科协各级组织要坚持为科技工作者服务、为创新驱动发展服务、为提高全民科学素质服务、为党和政府科学决策服务的职责定位，把建言献策工作作为一项重要任务来抓，发挥智力密集优势，整合智库、学术资源，聚焦科技领域，坚持问题导向，着力服务创新驱动发展，组织机关和科技工作者广泛开展调研，深入围绕区域发展布局、产业转型升级、重大项目咨询论证提供专业建议。主动召开专家座谈会、论证会，准确把握科技经济结合的新规律，加大政策分析和体制机制改革研究。组织学会积极承接科学论证、项目评估、行业标准制定、职业资格认定等任务，积极为党委政府提供咨询研究和决策论证。把建言献策工作列入年终考核指标，切实增强了各级科协组织的使命感和责任感。近 3 年来，推动省级学会、高校科协、设区市及县（市、区）科协创办了各类建言献策专刊，报送相关决策咨询建议 1612 篇，其中党委政府批示 381 篇，科协组织智库影响力持续提升。

（二）助力经济社会发展的作用发挥进一步凸显

各级科协组织认真把握各地科技发展的现状和需求，为党委政府制定科技规划、纲要和政策提供依据。结合当地经济社会发展实际，研究创新发展的路径方法，为经济社会发展提供决策参考。组织专家科学评估区块链技术、大数据、人工智能等新技术的发展路径，动员院士专家和广大科技工作者结合国家重大战略实施、经济社会发展热点和科技创新发展等积极建言献策，《江苏省科技工作者建议》品牌效应逐步扩大。近年来，先后有《关于扬子江城市群建设的思考和建议》《关于建设新材料原子基

因工程科学设施推进原子制造科学技术高质量发展的对策建议》《关于疫情期间有序推进企业复工复产的对策建议》得到江苏省相关领导的批示。2019 年以来，江苏省科协本级共上报江苏省委、省政府《江苏省科技工作者建议》25 期、《江苏省智库专报》9 期，获得省领导批示 26 期，并交办相关部门具体落实。真正发挥了科协组织作为党委和政府科技"智囊团"的作用。

（三）服务科技工作者关切更加有效

深入开展科技工作者状况调查，及时了解科技工作者在职业发展、科研活动、交流进修、生活待遇、社会参与、观念态度等方面的新情况、新变化和新问题，及时掌握科技工作者队伍最期待、最直接、最迫切的需求，反映科技工作者的意见、建议和呼声，为维护科技工作者的合法权益提供支撑。为巩固强化党和政府联系科技工作者的桥梁纽带作用，紧紧围绕创新型科技人才支撑这一关键，深入研究人才培养使用吸引环节的体制机制和政策问题，着力破解科技人才队伍建设的重大问题。面向大众创业、万众创新，服务科技工作者进军科技创新和经济建设主战场，加大政策分析和体制机制改革研究，围绕调动科技工作者积极性，完善创新创业环境，踊跃建言献策。

二、建言献策工作存在的问题和不足

虽然各级科协组织建言献策的积极性普遍提高，工作成效也较明显，但仍存在一些问题和不足。

（一）建言献策的选题着力点需提升

有的建言献策站位高度不够，往往是针对经济社会中的某一事项，就事论事的较多。站在国家发展战略落实、宏观政策调控执行等全局角度来建言献策的不多。瞄准科技前沿，围绕新技术与实体经济融合发展建言献策的不多。聚焦科技体制改革，创新现代治理体系建设方式方法的不多。有的没有围绕党委政府决策的现实需要选题，常常导致劳而无功。

（二）建言献策的内容质量参差不齐

有的建言献策政治性不强，对中央文件的理解不深入、不到位，引用党和国家领导人的指示要求不规范、不严谨。有的缺少认真的调查研究，建言献策的内容过于简单，只有几点建议，没有对问题进行系统的梳理、对成因进行分析，且没有针对性地拿出具体可操作的对策建议。有的只是纯理论性的阐述，没有具体数据和真实案例的支撑。

（三）建言献策的时机把握还不够精准

有的针对经济社会发展的建言献策落在了地方"两会"后，有的对春耕生产的建议放在第二季度、第三季度，这些错过了助力经济社会发展的最佳时间。有的对新的发展战略的贯彻落实建议落在了地方党委政府政策出台贯彻落实意见之后，影响了建言献策的有效性。

（四）建言献策的操作可行性有待加强

有的建言献策是纯理论的论述，没有结合当地实际状况提出具有可操作性的建议。有的建议脱离当地党委政府的决策能力、脱离经济财力保障能力，没有具体可行的实施方案。有的科技力量达不到，无法有效落实。

（五）建言献策的主动参与性需提高

各级科协组织动员专家和科技工作者建言献策的机制还不健全。经常开展建言献策的团队和人员相对较少。有的科技工作者对建言献策的热情不高,有的认识不到位,欠缺主动参与意识,有的觉得受益少且投入精力多,因此兴趣不大。有的是想建言献策,但不知从哪里着手。

三、关于提升科协组织建言献策水平的对策建议

建言献策工作要取得成效,必须努力坚持"六性"标准,江苏省科协从多角度全面谋划考虑,切实提升建言献策的水平。

(一)建言献策选题,突出"针对性"

好的选题是确保建言献策取得成效的基础。在选题方面要坚持做到以下三点。

1. 围绕贯彻落实党中央决策部署

针对党和国家确定的发展战略和决策部署,及时学习领会,结合本地区实际,动员科技工作者围绕贯彻落实集思广益提出建议。习近平总书记在中央政治局第十八次集体学习时提出:要把区块链作为核心技术自主创新的重要突破口,加快推动区块链技术和产业创新发展。江苏省科协立即组织机关和相关专家进行研究,先后完成上报了《关于推动我省区块链产业高质量发展的建议》等2篇建议,均获得省领导批示。2019年5月,中共中央、国务院正式印发实施《长江三角洲区域一体化发展规划纲要》,江苏省科协及时组织相关人员研读,形成上报了《关于以新发展理念塑造江苏在长三角一体化发展中新担当的建议》,获得江苏省领导批示。

2. 着眼江苏省委、省政府决策需要

定期主动联系江苏省委、省政府办公厅和相关部委,对接了解经济社会发展面临的重大问题、省领导关注的改革发展难点,根据省委、

省政府决策需要，及时组织科技工作者有针对性的建言献策。面对国际贸易摩擦对江苏省外贸行业造成的冲击，江苏省科协适时组织科技工作者评估分析对本地经济发展的影响，报送一期建议。针对新冠肺炎疫情对经济社会造成的冲击，联系科技工作者先后上报了《关于新冠疫情对江苏经济的影响及对策建议》等5篇抗疫建议，4篇获得省领导批示。

3. 立足推进经济社会高质量健康发展

引领广大科技工作者始终把推进经济社会健康发展作为己任。强化风险防范意识，针对部分地区出现的地方债务发展隐患报送建议；针对推动产业绿色健康发展、发挥资源条件优势等议题，报送2期建议，切实助力经济社会高质量发展。

（二）建议内容立场，严守"政治性"

建言献策上报的对象是各级党委、政府领导，其目的是为党委政府分忧、为人民群众解难、为创新发展献计，因而讲政治是第一位的。为此，要努力做到以下三点。

1. 站稳政治立场

建议中的观点始终坚持在政治立场、政治方向、政治原则上同以习近平同志为核心的党中央保持高度一致，坚持从政治上深入研究和精准把握问题。对于建议中涉及的党中央的相关会议精神、党和国家领导人的指示要求、党委政府的政策文件，编辑人员要认真逐一查证核实，防止出现断章取义和引用错误等问题。引用的领导讲话和数据均来自官方渠道，做到有据可查。

2. 坚守科学态度

建议内容做到坚持理论联系实际，坚持宏观和微观相结合、静态和动态相结合、定性和定量相结合，既有定性定量的现状分析，又有科学的研判和梳理，还有可靠的数据和真实案例支撑。分析问题既有本地今昔的纵向对比，也有与其他省（县、市、区）的横向对照，还有与国家标准或世界先进水平的比较，在比较中看清成效或差距，在具体分析中明确得失，再有针对性地提出具体对策建议。

3. 坚持实事求是

秉持客观务实的态度，坚持实事求是反映问题，工作成效不夸大，矛盾问题不回避，原因教训总结恰如其分。针对矛盾问题，追根溯源，探求解决问题的办法和路径，形成具有针对性、指导性和操作性的意见和建议。

（三）推进创新发展，瞄准"前瞻性"

为创新驱动发展服务是科协组织的主要职责之一，围绕创新创业开展前瞻性研究是职责所系，要坚持做到以下三点。

1. 紧盯国家战略建言

围绕党和国家的重大战略部署，及时组织专家论坛和科技工作者沙龙等，进行交流研讨，集聚专家学者智慧，完成《促进江苏在长三角一体化战略中高质量创新和均衡发展的建议》等的上报，有力推动了国家战略的贯彻落实。

2. 聚焦科技前沿献策

响应党和国家决策号召，围绕数字经济发展、新技术运用、新型基础设施建设等科技前沿，主动约稿科技专家上报了《关于建设新材料原子基因工程科学设施推进原子制造科学技术高质量发展的对策建议》《新基建背景下推进江苏大数据中心建设的对策建议》《关于推进江苏数字经济健康发展的对策建议》。

3. 推进产业发展问计

注重分析江苏省产业发展面临的困难，研究培育创新创业新动能的方法路径，助推产业健康发展。先后上报了《关于推进江苏生物医药产业高质量发展的建议》《关于疫情之下推进生猪产业健康发展的对策建议》《关于培育江苏创新创业新动能的对策建议》。

（四）解决矛盾问题，讲究"时效性"

建言献策能否发挥作用，具不具备时效性是一个重要因素，建议没有时效性，也就没有意义。作为江苏省委、省政府建言献策的部门，江苏省科协始终把及时协助解决经济社会发展中出现的问题作为重要职责。

1. 关注社会热点

2019 年，响水县陈家港化工集中区江苏天嘉宜化工有限公司发生"3·21"特别重大爆炸事故，造成重大人员伤亡。江苏省科协第一时间组织江苏省化学化工学会、江苏省安全生产科学研究院等单位专家围绕如何反思问题抓整改，创新举措促安全，提升化工园区的安全监管水平，切实保证人民群众的生命财产安全进行研讨交流，征求化工专家欧阳平凯院士的意见，形成了《关于加强化工园区安全监管的对策建议》，获得了省领导的批示。

2. 紧扣发展难点

2020 年 2 月上旬，针对新冠肺炎疫情造成的经济活动停摆，江苏省科协调研宣传部的同志主动想对策、写提纲，会同相关学会和专家研究讨论，从降低损失、助力复工复产角度开展可行性前瞻研究，并于 2 月 15 日完成上报《关于疫情期间有序推进企业复工复产的对策建议》，获得省领导的批示。

3. 突出时间节点

2020 年春耕农忙时，组织江苏省农学会围绕一手抓抗疫、一手抓春耕生产研究上报了《关于新冠肺炎疫情对农业生产的影响及对策建议》，获得省领导的批示。在全省上下积极组织编制"十四五"规划时，又适时上报了《关于运用大数据助力江苏"十四五"规划编制的对策建议》。

（五）关注民生需求，注重"务实性"

坚持务求实效，提升人民群众生活质量是建言献策的目标。要坚持做到以下三点。

1. 想群众之所想

新冠肺炎疫情暴发，人民群众宅家期间，很多人产生了焦虑情绪。江苏省科协从关注民生需求出发，及时向心理学专家约稿，完成了《关于做好疫情期间社会心态疏导和塑造的对策建议》，上报后获得了省领导批示，并被中国科协采用。

2. 急民生之所急

针对部分农村生活污水治理不到位的情况，安排相关科技工作者进行专题调研，形成了《关于提高农村生活污水治理效率的对策建议》；2019年4月，针对传染病防治工作责任大要求严，而基层疾控人员缺编多、待遇低的问题，江苏省科协会同江苏省疾控中心组织专家进行了专题研究，形成上报了《关于做好疾病预防控制工作的对策建议》，引起了省领导的重视。

3. 思科技工作者之所思

服务好广大科技工作者是科协组织的职责，也是科协工作的重中之重。着眼改善广大科研人员的科研环境，提升在苏院士的生活保障，发挥科技工作者调查站点作用，提高公众科学实践基地建设水平，丰富科普活动模式等，上报相关科技工作者建议，及时解决科技工作者关切。为了让省领导了解广大科技工作者的所思所盼，定期统计上报《关于近期江苏科技工作者关注的科技界情况的专报》。

（六）鼓励建言献策形成"导向性"

为提高科技工作者建言献策的质量和积极性，坚持做到以下三点。

1. 明确目标要求

在科协全会、高校年会等重要场合，向高校科协及科协常委倡议，要积极发挥决策咨询建言献策作用，向江苏省苏科创新战略研究院、13 个设区市科协和 40 个科技智库基地明确每年需完成的建言献策目标数和相应批示数。

2. 组织宣传培训

利用高校科协年会和科技创新智库基地群等平台向广大科技工作者宣传介绍《江苏省科技工作者建议》《江苏省智库专报》，让大家清楚内容、格式要求。开展业务培训，让大家做到主题鲜明突出、内容结构合理、现状分析透彻、问题梳理到位、对策建议可行。强调要有数据案例支撑、语言准确精练，有效提升了投稿建议的质量。

3. 搞好典型引路

及时对设区市科协、科技创新智库基地上报的建议予以点评反馈，好的稿件及时采用，质量欠缺的稿件提出修改意见。每季度对各单位上报稿件数量、质量和用稿情况进行统计公布。对写得好的建议，在符合保密要求的前提下，放到工作群做范本，供大家学习借鉴。及时发放稿费，有力提升了广大科技工作者和专家院士的投稿积极性，投稿的数量和质量明显提升。

参考文献

［1］中国科学技术协会. 中国科协关于建设高水平科技创新智库的意见［R］. 2015-10-10.

［2］习近平. 为建设世界科技强国而奋斗［N］. 人民日报，2016-06-01.

地方新型科技智库建设的问题与对策

武汉市社会科学院　田祚雄

武汉市科学技术协会　徐继平

摘要： 改革发展任务越艰巨，越需要智力支撑与服务。地方新型科技智库在地方科技创新决策、科技政策咨询等方面发挥着越来越大的作用，但与党委政府的期待和社会现实需求仍有差距。本文着重探讨了当前地方新型科技智库建设存在的问题，并有针对性地提出若干完善对策建议。

关键词： 科技智库；问题；对策

智库是以服务公共事务决策、服务社会为宗旨，规范化、制度化、科学化地从事公共政策研究和决策咨询的组织，是现代公共决策的外脑与重要环节，是国家治理体系和国家软实力的重要组成部分。中国特色新型智库是以战略问题和公共政策为主要研究对象、以服务党和政府科学民主依法决策为宗旨的非营利性研究咨询机构。

新型科技智库是中国特色新型智库的重要组成部分，其以科技战略决策问题为主要研究对象，以服务科技创新决策、科技战略政策咨询为目标，运用专业科学知识开展决策咨询研究。而地方新型科技智库指在新的历史条件和时代背景下，遵循中国特色新型智库建设基本要求，以影响和服务地方政府及公众的科技决策及认知，对地方科技发展战略、规划、政策和决策提供咨政服务和预测预见，彰显地方科技软实力的咨政、启智、制衡、聚才、强国的高端专业战略研究机构。

党的十八大以来，随着《关于加强中国特色新型智库建设的意见》《深化科技体制改革实施方案》《关于建设高水平科技创新智库的意见》《国家科技决策咨询制度建设方案》等的陆续出台和实施，各类科技智库迎来了大发展，我国科技决策的科学化、民主化、法治化进程迈出重要步伐。近年来，国家高端科技智库建设取得丰硕成果，但不少地方科技智库仍存在不适应、跟不上发展需求的问题。尤其是习近平总书记提出的"智库研究存在重数量、轻质量问题，有的存在重形式传播、轻内容创新问题，还有的流于搭台子、请名人、办论坛等形式主义的做法"等问题仍然存在。

一、地方新型科技智库建设存在的问题

从实践来看，地方新型科技智库建设与党委政府的要求和社会发展需求相比，还存在着一定差距，面临着严峻挑战。

（一）存在"两个简单化"现象

1.将应用对策研究与基础理论研究简单割裂

智库以服务党委政府决策、服务社会公众为目标，主要以现实问题和客户需求为导向，属于应用对策研究范畴。但在实践中，有简单地将基础理论研究和应用对策研究对立、割裂对待的倾向，进而从课题立项、经费资助、评优评奖、晋级晋升等方面忽视甚至遗忘基础理论研究。正是因为对基础理论研究重视不够，所以我们重大原始创新成果阙如，一些"卡脖子"技术难以攻克。重应用研究不重基础研究、重短期研发不重长期研发的思维惯性至今仍较突出，这在我国研发经费支出结构上反映明显。2018年，全国基础研究经费支出占研发支出比例仅为5.5%，明显低于应用研究（11.1%）和实验发展（83.3%），远低于发达国家

（15%～20%）。其实，真正高质量的应用研究恰恰离不开扎实过硬的基础理论研究。

2. 将学术研究成果与智库研究成果简单混同

智库研究离不开学术研究，很多智库研究成果本身就是重要的学术研究成果。二者虽紧密联系，但在研究目的、内在动力、目标要求、产生机制、评价标准等方面又有很大区别。学术研究更重求"真"，智库研究更重求"用"；学术研究追求"最优解"，智库研究追求"次优解"（最优解只在理想状态下才能实现）。学术成果不简单等于智库成果，课题研究报告也不简单等于决策咨询报告。学术研究成果要变为智库研究成果，需进行学术话语体系向政策话语体系的转换。正是因为这种转换不到位、不顺畅，所以很多研究成果得不到重视和采纳。

（二）存在"四个不匹配"问题

1. 智库研究成果与现实需求不匹配

智库研究成果与现实需求不匹配，即智库研究的选题不准，所"提供的"不是客户所"需要的"，反映出供需间衔接不畅的问题。如城市管理中最常见的窨井盖修复、综合管廊建设、保洁机械设计等问题，非议多、需求迫切，但科技智库的研究显得很不够。人们常常赞叹德国工程机械设计精巧好用，如果不了解需求，就不能设计制造出好用的产品。

2. 科技政策制定与科研人员需求不匹配

科学研究、科技创新是个高度依赖科研人员才智的工作，如何满足科研人员的合理需求、激发其创造活力十分关键。但不少科技政策在制定时，潜意识就是一种管制思维而非服务思维、追求"管住"而非"管好"，这不仅不能激发科研人员的创造活力，甚至会桎梏或熄灭其创造激情。最常见的就是将科研机构简单当行政机关、把科研人员简单当机关干部进行管理，所以才有填不完的表格、写不完的报告、报不了的经费等长期为科研人员所诟病的现象，对科研人员减负不够、激励不够。

3. 科研管理体制与科研运行规律不匹配

人人都说要尊重规律，但科研管理究竟如何尊重科研运行规律？如科技智库本应以追求服务决策、实现成果的转化运用为首要目标，但多地在职称评定时仍主要看学术著作和论文，而忽视决策咨询的效用或是将其权重设定过低，这必然会影响和引导科研人员的追求；又如在普遍推行年度绩效管理的背景下，仍将科研工作当成一般行政工作进行逐月量化考核，可以说是对科研工作的肆意肢解与干扰；再如基础研究的长期性与年度考核的短期化之间就存在明显矛盾。美国洛克菲勒大学副校长哈里埃特·拉伯（Harriet Rabb）指出：低效的、重复性的、过度的监管会使国家科研投资的作用无法充分发挥，影响科研事业整体发展。科研管理的"过度监管"已给科研人员造成极大困扰。

4. 科研人员的科研本领与智库功能发挥不匹配

只有客户用得上、信得过、靠得住、离不开的科技智库才是好智库。好智库当然需要多出人才、多出成果、多出影响来形塑。这就对智库队伍自身的素质、本领提出了更高的要求。科技智库、科研成果为什么不适销、为什么转化率不高、为什么影响力不大，很多时候与科研成果本身的质量不高、科研人员本领恐慌密切相关。科技智库研究问题具有复杂性、综合性和多学科交叉的特点，这就对智库专家的专业背景提出了更高要求。本领恐慌的本质是人才恐慌，地方科技智库战略科学家、多学科背景人才十分紧缺，具有战略眼光、全球视野和综合研究能力的全能型专家更少，无法满足高水平科技智库建设的要求。特别是在编制缩减、人员老化、管理僵化等背景下，用人机制不活、激励机制乏力、人才结构失调普遍。无优秀人才必无优秀成果。

（三）智库独立性和公信力不足

"独立之精神，自由之思想，价值之导向"是科技智库赢得公信力的基石。求真、求是、求新是学术研究的基本要求和恒久追求，但由于多样思潮、多元价值和多种利益的日益凸显，所以智库学者中剑走偏锋的也不鲜见。人格不独立、思想不独立，则成果难屹立。同时，大多数地方科技智库属体制内智库，其人财物受制于地方党委政府，故其在承接领导交办、横向合作，甚至是自选课题进行研究时，往往会有许多顾忌，受制于当地思想解放的程度、意见包容的程度等，因此其决策咨询成果的科学性、中立性、专业性就会受到影响。科技智库的主管部门在资源配置中多以定向支持和固定支持为主，考核评价标准相对宽松，这既不利于智库的长期发展，也不利于提高智库成果的公信力。

（四）智库的科研环境还不够优化

没有宽松的环境就不容易创造高质量的研究成果。

1.普遍性的科研经费不足

2018年，我国研发经费支出近2万亿元，研发强度为2.2%，保持持续上升态势，但与发达国家的水平（3.0%～3.5%）相比仍有不小差距。除一些经济发达地区和主要领导真正重视的地方科技智库经费相对充裕外，多数地方科技智库经费都不足，"保吃饭、保运转"成为这些科技智库的首要任务。

2.智库与党委政府部门间沟通不畅，存在严重的信息不对称问题

智库研究必须依赖对实情的精准把握，但实践中，一些地方实情的基础数据往往被以各种理由拒绝，这对地方科技智库开展研究工作造成了一定困难。科技智库和决策机构间尚未建立常态化、制度化的沟通交流机制，难以实现需求牵引、资源共享、深度融合与协同发展，导

致研究成果与现实需求关联度、契合度不高，影响科技智库资政的科学性和实效性。在制度建设层面，尽管国家有关部门出台了系列政策文件，但建立双方对接沟通的具体举措尚未明确，制度政策落实落地任重道远。

3. 对地方科技智库专家的重视、信任、任用不够

无论是召开理论研讨、决策咨询，还是制定"五年规划"、专项论证，地方组织者偏好不惜重金聘请外地或境外专家，所以有"远亲近疏""请来女婿气死儿子"的调侃。"有为"与"有位"是辩证的，但不能忽视，信任、任用也是培养人才的重要途径。

4. 智库成果评价的复杂性高、难度大

正因智库成果评价的复杂性高、难度大，一方面，很多时候就降低或遮蔽了对其成果价值的认定和肯定；另一方面，行政主导的科研评价往往走向合意性评价、政治正确性评价，同时可能埋没了一些科研成果的价值。同时，由于各类科技智库的主管部门不同，尚未建立统一的科技智库体系考核评估机制，这不利于科技智库间的良性竞争和有序发展。我国也尚未建立统一权威的智库评价体系，尚未形成公信力高、得到科技智库一致认可的第三方专业评估机构。

（五）地方科技智库成果转化不畅

评价智库的核心标准是其智力产品有没有实际影响力，能不能进入决策层视野并转化为决策运用、推动实际工作。尽管党的十八届四中全会将"专家论证"纳入了重大行政决策的法定程序范围，但对于什么是重大行政决策，各地理解弹性较大。主要领导联系专家、智库成果辅助决策等制度化通道并不畅通，目前，很多时候还是依赖和取决于主要领导的偏好。决策咨询部门与实际工作部门间信息不通畅，开会不邀请、调研不参加、实情不知晓、信息不共享，存在严重信息鸿沟和情报隔离墙。一些部门对

智库成果采取选择性使用倾向明显，专家咨询会成为工作程序，一些智库成果被层层把关、审慎修改。有专家称：我从来不认为书生之论能对决策起多大影响。我们能做的是面向公众，促进理性的理解，消除偏见，从而营造一个良性的舆论环境，转而对决策集团产生积极影响。成果转化不畅除制度化、常态化的衔接通道不畅外，还与成果生产者推销不力、宣传不够、决策部门主动采购不多等有关。一些智库专家由于种种原因，不愿意与媒体、公众交流，不太注重开展科普宣传与成果推介和展示工作，使得智库成果的转化渠道与形式单一。

二、优化地方科技智库建设的对策建议

李克强总理指出："中国特色社会主义已进入新时代，这是科技创新地位和作用更加凸显的时代，是科技工作者大显身手的时代。"学者林坚认为，科技智库是科学思想工厂，是知识、方法的储备库，是工具百宝箱，是高精尖人才的孵化器、蓄水池，是科技成果转化的加速器，是完备、齐全的数据库，是科技发展的望远镜和显微镜。在国家深入实施创新驱动发展战略和建设世界科技强国的背景下，毫无疑问，地方新型科技智库建设面临着前所未有的机遇，也将迎来更加广阔的发展空间。加强新时代地方新型科技智库建设意义重大、正逢其时。地方新型科技智库作为中国特色新型智库的重要组成部分，其建设当然要遵循中国特色新型智库建设的基本原则和要求，同时要更加注重问题导向、需求导向、创新导向和效用导向，扎实推动以科技创新为核心的全面创新，助推我国经济社会高质量发展，助推"两个一百年"奋斗目标顺利实现。

（一）精准功能定位，以清晰、科学的目标为导引

作为中国特色新型智库组成部分的地方新型科技智库，其"特"在何

处、"新"在何处？所谓"特"指智库建设要始终坚持党性和人民性的统一，即坚持中国特色社会主义制度和中国共产党的领导的前提不动摇。科技无国界，但科技工作者和政策制定者有国籍，有鲜明的价值导向。中国特色新型智库必须始终坚守"以人民为中心"的价值立场，坚持实事求是、与时俱进，不唯书、不唯上、不唯名、只唯实，始终为广大人民群众谋福祉不动摇。所谓"新"指把科技智库从制度上规范化地纳入公共决策体系；科技智库要做政策研究、政策解读、政策评估、政策咨询等，发展多种功能；打破体制障碍和人为阻隔，让官方科技智库与民间科技智库同台竞技、共同发展；建立适合地方新型科技智库的组织形式和管理方式，强化地方科技智库的开放性、国际性、多学科性，增强科技成果的国际话语权和影响力。地方新型科技智库兼具学术研究与智库研究功能，要妥善处理好二者的关系，针对不同功能制定差异化的考核标准、政策支持和管理机制，促进二者相互支撑、良性循环。

（二）苦练内力真功，以过硬成果赢得更广的平台

人才是创新的第一资源。习近平总书记指出："硬实力、软实力，归根到底要靠人才实力。全部科技史都证明，谁拥有了一流创新人才、拥有了一流科学家，谁就能在科技创新中占据优势。"

1.要苦练内功，主动作为

以独立、客观、科学的高质量研究成果取信于人，赢得尊重和支持，通过扎实、专业的研究成果实现党委政府对地方新型科技智库"用得上、信得过、离不开"的目标，始终坚持智库产出思想性和政治性、学术性和政策性、理论性和实践性、前瞻性和建设性的统一。

2.培育多类型、多学科、多层次、多功能的地方新型科技智库人才队伍

战略思维、全球视野和多学科综合是地方新型科技智库建设的必然

要求。专业化是智库的生命力，也是不少地方科技智库的软肋。当下世界，学科分化与学科综合的趋势十分明显；当下中国，改革创新正处于关键期、攻坚期和窗口期，任何公共政策出台、危机事件化解等都需要多学科、宽视野、多类型学者参与。要坚持"建设性反思批判精神"，秉持"多一点学派，少一点宗派"的理念，开展跨学科研究，促进学术争鸣和百花齐放。因此，地方新型科技智库建设必须高度重视人才队伍建设的学科结构、年龄结构、经历结构等，着力构建科技专家、战略专家、软科学专家、管理专家和情报专家5类专家深度融合的研究模式。

3.建设有中国特色的"旋转门"制度

大胆从地方科技智库研究人员中选拔干部，让研究型学者到实务部门从事实际行政管理，让离任的政府官员进入地方新型科技智库从事政策研究，发挥双向沟通、互动合作功能。可喜的是已有越来越多的退休干部走上大学讲台，同时，国家也明确要求从国有企业、高校、科研院所等企事业单位领导人员中培养选拔党政领导班子成员。

4.增强学术自信和文化自信，打造具有地方特色的、气派的新型科技智库

科技创新要实施非对称策略，地方科技智库建设也是如此。要善于根据地方实际需要和学科积淀特色，努力"靠山吃山、傍水吃水、依沙治沙、临草治草"，着力实施"人无我有、人有我优、人优我特"的非对称发展策略，不断锻造地方科技智库自身的"核心技术"，努力赢得话语权。

（三）加强制度供给，为智库建设营造良好环境

"一切科技创新活动都是人做出来的。"必须想方设法激发人的创造活力。

1. 要继续营造解放思想的良好氛围

各级地方党委政府要勇于和善于听取不同意见，只要学者坚持正确的政治方向、坚守党纪国法、秉持"建设性反思批判精神"，其独立研究就不要过多行政干预，营造一个健康的思想市场。习近平总书记强调："科学发现是有规律的，要容忍在科学问题上的'异端邪说'。不要以出成果的名义干涉科学家的研究，不要动辄用行政化的'参公管理'约束科学家。"

2. 推进智库管理体制改革

要探索符合智库建设规律的管理体制，在编制职数、课题经费、成果评价、职称晋升、队伍培养等方面，要进一步适度扩大地方新型科技智库自主权（尤其要出台落实中央宏观指导政策的地方实施细则，真正让中央"好政策"在地方得到"好落实"），引导专家学者以科研业绩、成果质量论英雄，努力调动科研人员的积极性和创造性，努力破除前文中"四个不匹配"的弊端。要完善科技智库专家参与重大决策的方式，形成"决策前由专家提供多方案供选择，决策中有多方面专家意见可听取，决策后由智库等第三方评价政策效果并提出政策调适建议"的智库专家参与机制。要"改变以静态评价结果给人才贴上'永久牌'标签的做法，改变片面将论文、专利、资金数作为人才评价标准的做法，不能让繁文缛节把科学家的手脚捆死了，不能让无穷的报表和审批把科学家的精力耽误了！"要创新人才评价机制，建立健全以创新能力、质量、贡献为导向的科技人才评价体系，形成并实施有利于科技人才潜心研究和创新的评价制度；要完善地方科技奖励制度，让优秀科技创新人才得到合理回报，释放各类人才创新活力。

3. 推进政务信息公开，完善公共数据资源共建共享机制

信息平台和数据库建设是目前地方新型科技智库体系建设的最大短板。各级政府除涉密以外的信息都应向智库开放，为智库介入公共事务研究创造条件。设立信息共建共享数据平台，实现跨领域、跨部门、跨智库

的信息互通、成果共享。尤其要注重运用现代信息技术，将科学研究方法运用到智库研究中，增强决策咨询研究的科学性。

4. 畅通智库成果转化通道

加强地方科技智库成果转化平台载体建设，完善成果交流转化机制。畅通地方科技智库与各级党政部门的交流合作机制，提高智库研究成果的供需匹配度；拓宽成果的转化渠道，建立多渠道、多层次、多载体的信息报送和传播机制；充分利用新媒体、高端论坛、蓝皮书等对外传播研究成果，扩大地方科技智库的影响力；加快智库成果转化步伐，更好地发挥智库引导舆论、启迪民智的功能。习近平总书记强调："科技创新、科学普及是实现创新发展的两翼，要把科学普及放在与科技创新同等重要的位置……希望广大科技工作者以提高全民科学素质为己任，把普及科学知识、弘扬科学精神、传播科学思想、倡导科学方法作为义不容辞的责任。"

5. 探索地方科技智库建设评价体系，出台智库成果购买机制

地方各级党委政府要当好智力成果采购者和投资人，通过竞标购买智库成果服务决策，通过智库业绩表现来决定是否继续投资；要研究破解地方科技智库研究力量庞大但弱小分散的矛盾、破解任务来源需求侧牵引和评估结论客观公正的矛盾、破解追求研究成果数量与保证研究成果质量的矛盾、破解研究成果丰富与品牌战略缺乏及传播手段单一的矛盾。地方科技智库在研究科技政策的同时，也应该加强自身研究。在未来发展中，地方科技智库不仅要竞争，更要自律，还要有第三方评价，努力营造一个地方科技智库健康发展的良好生态。

参考文献

［1］李政刚. 新型地方科技智库建设实证研究——以重庆为例［J］. 智库理论与实践，2018（1）.

［2］陆琦. 以中国智慧承载历史担当——十八大以来国家高端科技智库建设综述［N］. 中国科学报，2017-09-25.

［3］习近平. 在哲学社会科学工作座谈会上的讲话［N］. 人民日报，2016-05-19.

［4］吕庆喆. 依靠科技创新规避"卡脖子"风险［N］. 经济日报，2019-10-31.

［5］李扬. 学术与智库功能如何共居一体［N］. 中国社会科学报，2015-08-13.

［6］郑永年. 我对中国所谓的智库很悲观［EB/OL］. http://news.xinhuanet.com/politics/2016-02/15/c_128719305.htm.

［7］王雪. 中国科技智库建设发展现状及对策建议［J］科技导报，2018(16).

［8］资中筠. 美国十讲［M］. 南宁：广西师范大学出版社，2014：300.

［9］李克强. 在国家科学技术奖励大会上的讲话 [EB/OL]. (2018-01-08). http://www.xinhuanet.com/politics/2018-01/08/c_1122228826.htm.

［10］郑杭生. "多一点学派，少一点宗派"［N］. 中国社会科学报，2010-09-09.

［11］习近平. 在中央财经领导小组第七次会议上的讲话［J］. 理论学习，2014（9）.

［12］刘德海. 建设地方新型智库体系［N］. 光明日报，2015-03-18.

［13］习近平. 为建设世界科技强国而奋斗［M］. 北京：人民出版社，2016：18.

国外建设高端科技智库的经验
——以俄罗斯莫斯科国际关系学院为例

中国科协创新战略研究院　王　达　赵立新　王国强

摘要： 2020—2021 年，中俄两国将互办"中俄科技创新年"活动，中国科协将积极参与相关进程。为了解俄罗斯科技智库现状，促进交流活动更好地开展，本文对俄罗斯建设高端科技智库的经验进行分析。莫斯科国际关系学院是俄罗斯国内具有影响力的科技智库之一，在 2019 年美国宾夕法尼亚大学全球科技智库排行榜上名列第 43 位，位居俄罗斯科技智库之首。该院在建设科技高端智库方面的经验对于贯彻落实习近平总书记在中央全面深化改革领导小组第六次会议上关于建设有国际影响力高端智库的讲话精神具有一定参考意义。

关键词： 中俄科技创新年；莫斯科国际关系学院；科技智库

一、莫斯科国际关系学院的地位与成就

（一）莫斯科国际关系学院在全球及俄罗斯智库中的地位

2006 年，美国宾夕法尼亚大学"智库和公民社会研究项目"正式成立，每年都会公布一次全球智库排名。该项目负责人麦甘博士在美国智库实证研究方面具有权威性，项目面向全球智库调查，有较为稳定的排名指标（包括学者的专业水平，学术声誉，发表积极性，被引用率，媒体声誉，预算，与被研究对象的互动程度，对于社会、政治精英和决策者的影

响）、机制和流程，排名本身具有首创性和持续性，因此其发布的全球智库排名的世界影响力不断扩大，成为衡量世界各国智库水平的重要参考。

2020年1月30日，美国宾夕法尼亚大学"智库和公民社会研究项目"在纽约、华盛顿、伦敦、巴黎等全球近150个城市发布了《全球智库排名2019》。来自不同国家的3974名专家和8248家智库参与了智库评选工作。2019年，俄罗斯莫斯科国际关系学院在全球智库排行榜上名列第94位（2018年名列第92位）。全球智库排名每年还设立分榜单，2019年，莫斯科国际关系学院在全球最佳高校智库排行榜上名列第8位，是俄罗斯唯一进入智库排行榜前10位的科技智库。莫斯科国际关系学院在中东欧地区顶级智库排行榜上名列第16位。莫斯科国际关系学院在世界经济智库排行榜上名列第54位，该院还入选了《全球智库报告》2019年50篇"最佳政策研究报告"榜单。莫斯科国际关系学院在2019全球最具公共政策影响力智库排名第33位，是俄罗斯唯一入选的智库。2019年，全球智库排名显示，俄罗斯拥有215家智库，位居第7位。莫斯科国际关系学院是俄罗斯国内唯一进入全球排名的科技智库。

（二）莫斯科国际关系学院取得的成就

在俄罗斯外交部的领导下，莫斯科国际关系学院成为一个具有很高地位的政策型智囊团，举办了一系列对国际发展和当前事态分析的论坛和辩论会，它对全局分析作出了很大贡献。莫斯科国际关系学院的专家学者为俄罗斯的各国家机构作出了贡献。2018年，莫斯科国际关系学院与57个国家和地区的外国合作伙伴签订了200多个合作协议。莫斯科国际关系学院是著名的国际政治、法律和经济研究领域俄罗斯顶尖大学之一。如今，莫斯科国际关系学院是一所综合性大学，提供研究生和本科学位课程、博士学位课程、工商管理课程、高级管理人员工商管理课程和大学预科课程。随着每年推出的新部门和新培养计划，莫斯科国际关系学院的学术学科范围还在不断扩大。莫斯科国际关系学院有 2 个校区、10 个院系和 3 所研究所。在 75 年的发展历程中，莫斯科国际关系学院已从纯粹的"外交学院"发展为一所综合大学，旨在培养具有全球视野的创新型领导者。莫斯科国际关系学院以其团队合作、分析思维、批判性推理和战略规划闻名，其研究人员积极关注着科学社会领域的热点问题，每年出版 500 多部专著、手册，发表论文 1000 多篇。

莫斯科国际关系学院是俄罗斯国际研究协会的创始成员，其为俄罗斯政治科学协会、俄罗斯联合国协会，以及许多俄罗斯基金会和非政府组织等的全球领先智库作了很多积极贡献。莫斯科国际关系学院还是多个机构的国际组织成员，如国际研究协会、欧洲政治联盟、国际事务专业学院协会、欧洲国际教育协会、欧洲大学协会、国际拉丁美洲和加勒比研究联合会等。

莫斯科国际关系学院可以为在国际关系和外交政策领域工作的各国著名政治家、公共专家、外交官和学者授予荣誉博士学位。截至 2018 年，67 名国际专家、学者已被授予莫斯科国际关系学院博士学位，包括塞尔维亚总统亚历山大·武契奇、菲律宾总统罗德里戈·罗阿·杜特尔特、法国总统尼古拉·萨科齐、芬兰总统马尔蒂·阿赫蒂萨里、欧盟委员会前主席罗马诺·普罗迪、谷歌公司副总裁文顿·瑟夫等。

二、莫斯科国际关系学院的历史沿革、研究方向、经费来源、国际合作和机构设置

（一）莫斯科国际关系学院的历史沿革

1944 年 10 月 14 日，苏联政府颁布了特别法令，基于莫斯科国立大学国际关系学院设立莫斯科国际关系学院。这所新成立的大学从建立之初

就代表了一类特殊的高等学府，它由苏联经济学家和莫斯科国立大学前任校长伊万·乌达佐夫领导。20 世纪 50 年代初，莫斯科国际关系学院扩展为三所学院，除成立之初的国际法学院和国际经济关系学院外，新增了历史与国际关系学院。1955 年，莫斯科东方研究所并入莫斯科国际关系学院。此时，教学语言和国别研究的范围得到扩展，包括中国、印度、伊朗、土耳其、阿富汗及中东各州。1958 年，莫斯科国际关系学院设立了一所对外贸易大学，并成为俄罗斯国际关系教育和专业知识培养领军院校。20 世纪 80 年代后期，由于剧烈的社会变革，莫斯科国际关系学院成为一个完全开放的机构。1989 年，莫斯科国际关系学院允许学生以商业形式入学，并接收了第一批来自西方国家的学生。1991 年，莫斯科国际关系学院校友会在主席罗斯蒂斯拉夫·谢尔盖耶夫及莫斯科国际关系学院首届毕业生等的倡议下成立。1992 年成立的国际商务学院和工商管理学院见证了俄罗斯社会经济的剧烈变革。1994 年，莫斯科国际关系学院借助新成立的国际行政管理学院，根据国际惯例开始在国家和公共行政管理领域提供培训服务。同年，莫斯科国际关系学院设立了政治系，该系于 1998 年发展成为独立的政治科学院。

在接下来的 10 年中，莫斯科国际关系学院进行了深化改革，使教育质量得到了进一步提升，新增了许多学院和与国外合作院校的硕士培养项目。2000 年，成立了两个教育部门——能源政策外交研究院和应用经济商学院。2005 年，俄罗斯 – 欧盟峰会通过了设立欧洲研究所的决议，该研究所以莫斯科国际关系学院为基础，提供对欧洲政治学、经济学和法律的硕士培训，致力于为俄罗斯及欧盟官员提供全面的知识与能力培养，以促进俄罗斯与欧盟关系。2006 年，俄罗斯外交部部长谢尔盖·拉夫罗夫成立了莫斯科国际关系学院董事会，并担任董事会主席。董事会由俄罗斯高级官员、知名人士及俄罗斯和外国商界、慈善界领导人组成，如宜家创始人英格瓦尔·卡姆普拉德和辉凌制药董事会主席弗雷德里克·保尔森。

2007 年，莫斯科国际关系学院董事会成立了俄罗斯第一所大学捐赠基金会，确保该大学的长期财务支持。2013 年，成立了俄罗斯第一所在本科层面以英文培养国际学生的院校——全球事务与管理学院。2016 年，莫斯科国际关系学院奥丁佐沃分校成立，并根据《莫斯科国际关系学院战略发展计划（2014—2020）》正式开放。

（二）莫斯科国际关系学院的研究方向

莫斯科国际关系学院是俄罗斯国际关系和政治科学的主要智库，并在比较法和国际法、世界经济和国际经济关系、公共管理、能源外交、生态与环境研究、管理学和跨国商业、语言学、社会学、公共关系、文化和哲学等领域展现出巨大的潜力。

莫斯科国际关系学院作为学术中心和智库，其主要任务是在俄罗斯和全球范围内提高其潜力，具体包括：①作为新一代大学，其战略的制定旨在促进教育、科研、国家关系和企业治理的发展。②纵观中东欧、东南欧、东亚大陆及中东地区社会经济、法律和语言的研究。③莫斯科国际关系学院是独立国家联合体、上海合作组织、金砖国家、欧亚经济联盟和集体安全条约组织等多边组织大学网络的主要枢纽之一。④莫斯科国际关系学院是国际公认的研究生教育中心，旨在通过终身学习创造先进的创新型知识。⑤莫斯科国际关系学院在俄罗斯和后苏联时代大学中创立一定标准，是推进全球智库发展的最佳实践中心，此外，其还在全球学术与科研环境中推动俄罗斯高等教育的发展。⑥莫斯科国际关系学院作为重要的学术型外交大学，通过专家的审查和咨询来推动双边和多边倡议的实施。因此，莫斯科国际关系学院被纳入俄罗斯和国外的外交政策实施体系。

（三）莫斯科国际关系学院的经费来源

莫斯科国际关系学院的研究经费由俄罗斯联邦科学与高等教育部、俄罗斯基础研究基金会、俄罗斯科学基金会和俄罗斯联邦国防部等提供。莫斯科国际关系学院还与俄罗斯航空航天防御股份有限公司和俄罗斯石油公司签署了战略合作框架协议。莫斯科国际关系学院正在与国家杜马建立合作，国家杜马 2017 年启动了一项由专家和分析人员组成的研究计划。

（四）莫斯科国际关系学院的国际合作

迄今为止，莫斯科国际关系学院已与来自 44 个国家的大学、学院和科研中心签署了 140 多项合作协议，举办了一系列对国际发展和当前事态分析的论坛和辩论会，其对国际全局分析作出了很大贡献。该大学的合作伙伴有伦敦政治经济学院、柏林自由大学、巴黎政治学院等。其合作主要体现在：①学生和教师的交换学习、实习。②组织国际会议、圆桌会议。③实施联合培训方案，包括双学位方案。④参加国际科学和教育协会。

莫斯科国际关系学院与国外大学合作，定期举办系列重要的科学会议，包括：①俄罗斯国际研究协会公约、俄罗斯政治科学大会、俄罗斯 – 东盟大学论坛、国际西班牙裔会议、俄中年度会议、年度日俄会议、金砖国家财经论坛的领导人会晤和校际研讨会等。②莫斯科国际关系学院每年举办丘尔金 – 莫斯科国际模拟联合国大会，并接待来自世界各地的 700 多名学生，这是联合国最古老、最权威的模拟方式。③莫斯科国际关系学院还主办了模拟欧盟、金砖国家、二十国集团和欧佩克组织等的活动。

（五）莫斯科国际关系学院的机构设置

莫斯科国际关系学院有 16 个研究中心，其中一些隶属国际问题研究所（表 1）。2018 年 9 月，安德烈·苏申佐夫被任命为研究所所长，他是俄罗斯外交与国防政策委员会和瓦尔代国际辩论俱乐部的成员。国际问题研究所正在进行改革，此次改革的目的是加强研究所的出版活动，获得更多的奖项，使研究所成为国际领先的智库。

表 1　莫斯科国际关系学院国际问题研究所的分类和主要任务

分类	主要任务
东盟中心	传播有关东盟－俄罗斯对话伙伴关系的信息，促进俄罗斯与东盟成员国的经济联系、科教文化和人际关系交流
军事和政治研究中心	处理国内和国际发展、军事趋势、军事装备、国防工业、军事合作和国家安全问题
综合中国研究与区域项目研究中心	对中国和中华文明进行综合研究，包括其国内外政策、经济、历史进程、文化、意识形态及区域内多种相互作用形式
数字经济与金融创新中心	从事初始代币发行研究及其法律支持。莫斯科国际关系学院的专家对加密货币周转风险进行评估，并储备了了解区块链的法律专家
能源和数字经济领域战略研究中心	该中心积极参与科学项目的工作，以代表俄罗斯领先企业的利益。该中心目前正在开展"北极碳氢化合物开发（包括跨界矿床）国际法律问题综合研究"等研究
国际流程分析研究中心（实验室）	该实验室成立于 2018 年 2 月 1 日，主要研究新技术对国际关系和各国外交政策的影响。该实验室的项目由俄罗斯联邦政府在国家"科学和技术发展"方案下赞助
欧亚战略咨询公司	2017 年，莫斯科国际关系学院成立了一家咨询机构——欧亚战略咨询公司，旨在为国家和企业部门提供咨询服务

来源：根据《莫斯科国际关系学院年度报告 2018—2019》整理。

三、莫斯科国际关系学院建设高端科技智库的经验

（一）构建高端科技智库人才是核心竞争力的关键

智库工作对人才的依赖比其他行业有过之而无不及。莫斯科国际关系学院作为俄罗斯最佳高校智库举世闻名，其十分重视对人才的培养。莫斯科国际关系学院在培养人才方面始终遵循讲授与讨论相结合、理论指导与

科研方法论指导相结合的原则。除培养学生深入了解每个国家 / 地区的政治经济发展状况外，还指导学生用理论来引导和支持国际关系研究实践。莫斯科国际关系学院长期关注国际问题，对所研究的国家和地区的政治进程和体系的了解和分析具有专业水准。学院领导非常重视人才培养，部分指导老师曾在俄罗斯联邦外交部供职，他们以丰富的实践经验拓宽学生视野。因此，莫斯科国际关系学院的人才培养也是俄罗斯大事件和重大决策的风向标。

（二）构建高端科技智库学术产品是核心竞争力

学术产品体现了智库工作者的洞察力、调研力、思辨力、表达力和群策力，也是智库竞争力的重要表现。2018 年，莫斯科国际关系学院校长阿纳托利·托库诺夫成为"俄罗斯领导人"项目的导师之一，该项目是根据俄罗斯总统弗拉基米尔·普京的指示启动的，以识别和培养有前途的新一代领导人，该项目 2019 年继续进行。莫斯科国际关系学院在研究成果出版前，还会将其提交给重要的政府工作人员和部门，获得了好评。莫斯科国际关系学院的研究《经济全球化前景研究》入选了全球智库报告 2019年 50 篇最佳政策研究报告榜单。莫斯科国际学院及其合作出版商于 2018年出版了 200 多种新书。俄文出版物有《俄罗斯外交史（第二卷）》《国际关系人类学》《国家在国际政治中的行为逻辑》《中东和中亚：区域背景下的全球趋势》《欧洲联盟的民族政治动态》《项目治理方法论》《世界商品市场与价格》《世界教育实践综合区域研究》等（图 1）。英文出版物包括《俄罗斯和世界可持续发展的新挑战》和《俄罗斯国际关系研究：从苏联历史到冷战后》。另外，还出版了 1 种中文出版物《美国导弹防御的演变与俄罗斯的立场》。

过去 3 年里，Scopus 数据库收入了莫斯科国际关系学院相关的期刊，包括政治研究和国际趋势研究等，Web of Science 数据库主要收录了莫斯

图 1　2018 年莫斯科国际关系学院俄文出版物

科国际关系学院的国际关系评论和比较政治等期刊。Vestnik MGIMO 数据库在俄罗斯科学引文指数"政治科学"类别中排名第一。自 2006 年以来，莫斯科国际关系学院每月在线（Vsya Evropa.ru）发布《国际传播》和《世界和国民经济》等期刊内容，后续还出版了英文版和法文版特刊。由此看来，该学院在构建高端科技智库中的学术产品具有明显的核心竞争力。

（三）构建高端科技智库科学管理是竞争力的保障

　　莫斯科国际关系学院在科研管理方面支持对外学术交流、支持学者走出去交流，据莫斯科国际关系学院发布的年度报告统计显示，2018 年，该院的理事机构和学术人员参加了各种国际大型科学活动。在产学研合作方面，莫斯科国际关系学院将大学的优势与研究中心的优点融为一体，为学生提供与 1200 多名教职工、20 多名俄罗斯科学院院士、120 多名教授和 400 多名博士接触的机会，促进高校科技创新。此外，莫斯科国际关系学院每年对外公开发布《莫斯科国际关系学院年度报告》，对上一年的工作进行总结。通过定期总结工作经验，学院可以全面系统地回顾历年的工作情况，弥补不足，明确下一年工作方向，提升工作管理水平和效率。

　　综上所述，莫斯科国际关系学院是享誉世界的知名学府，名师荟萃、英才辈出，自成立以来取得了许多优异的成绩，是俄罗斯极具影响力的高端科技智库之一，其建设高端智库的经验值得我们学习和参考。

参考文献

［1］MCGANN，JAMES G. 2018 Global Go To Think Tank Index Report[R/OL]. TTCSP Global Go To Think Tank Index Reports,2019. https://repository.upenn.edu/think_tanks/16.

［2］MCGANN，JAMES G. 2019 Global Go To Think Tank Index Report [R/OL]. TTCSP Global Go To Think Tank Index Reports,2020. https://repository.upenn.edu/think_tanks/17.

［3］郭进青. 俄罗斯国外区域学专业建设的理念与实践研究——以莫斯科国际关系学院为例［J］. 中国俄语教学，2015，34（2）：69-74.

双循环新格局下推动成渝地区
双城经济圈建设的使命、挑战及对策

城市化与区域创新极发展研究中心　姚树洁　秦定龙　欧璟华

为服务成渝地区双城经济圈建设、新时代西部大开发等国家战略，中国科协、重庆市政府、重庆大学、四川大学共建"城市化与区域创新极发展研究中心"（以下简称研究中心），重点开展人才引育、政策咨询、学术研究、国际交流和科技服务等工作，打造高水平科技智库平台。2020年11月21日，研究中心正式成立并举办成渝地区双城经济圈暨西部科学城高峰论坛，邀请多名院士专家聚焦成渝地区双城经济圈建设面临的重大问题进行研讨并提出对策建议。

一、历史使命

与会院士专家认为，当前我国发展的国内国际环境继续发生深刻复杂变化，习近平总书记谋划、部署、推动的成渝地区双城经济圈建设肩负着多重历史使命。

（一）优化区域经济布局

经过几十年，特别是改革开放以来的发展，我国已经初步形成京津冀、长三角和粤港澳大湾区3个世界级城市群。推动成渝地区双城经济圈建设，在西部形成高质量发展的重要增长极和新的动力源，有利于我国打造多中心区域协调发展新格局，形成优势互补、高质量发展的区域经济布局。

（二）拓展对外开放空间

目前，国际大循环动能明显减弱，我国发展逆风逆水的外部环境日益凸显。成渝地区在欧亚一体化和"一带一路"建设中担当重要角色，是我国经济全球化发展战略支点之一。推动成渝地区双城经济圈建设，打造内陆开放战略高地和参与国际竞争的新基地，有助于我国形成陆海内外联动、东西双向互济的对外开放新格局。

（三）打造强大战略后方

成渝地区在历史上一直是我国的战略大后方，是连接东部和西藏、云南地区的重要枢纽，是沟通东亚与东南亚、南亚的重要通道。推动成渝地区双城经济圈建设，形成一个强大、繁荣、安全、稳定的战略大后方，必将极大增强我国维护战略安全和经略周边的能力。

（四）维护国家生态安全

长江拥有独特的生态系统，是我国重要的生态宝库。推动成渝地区双城经济圈建设，优化城乡人口布局，吸收生态功能区人口向城市群集中，形成优势区域重点发展、生态功能区重点保护的新格局，有助于进一步筑牢长江上游生态屏障，保护西部地区生态环境，增强空间治理和保护能力。

二、主要挑战

与会院士专家认为，成渝地区双城经济圈要肩负起新时代党中央赋予的历史使命，争取成为中国区域经济"第四极"，但要面临很多困难和挑战。

（一）城镇规模结构不尽合理

一是经济基础相对较弱。重庆市人均GDP略高于全国平均水平，四川省人均GDP为全国平均水平的78.7%，川渝两地GDP仅占全国总量的7%，经济发展水平与京津冀、长三角、粤港澳大湾区有较大差距。二是节点城市支撑不足。川渝地区"两核独大、周边弱小"现象明显，除重庆、成都外，没有一个城市的GDP达到3000亿元，重庆和成都之间存在明显的真空地带，尚未形成大中小城市均衡分布、相互拉动、相互补充的良性发展格局。与之对比，长三角地区拥有上海、苏州、杭州、南京、宁波、无锡6座GDP超万亿元的城市，粤港澳大湾区拥有深圳、香港、广州、澳门、佛山、珠海等城市，已形成橄榄型城市群。三是核心城市虹吸效应明显，如成都市，其面积占四川省的2.9%，人口占18.9%，GDP占36.5%，严重影响了全省充分、均衡发展。

（二）基础设施瓶颈依然明显

一是轨道交通建设滞后。仍未实现成渝之间、中心城市与周边城市（镇）之间1小时通勤。重庆到北京高铁最快要11.2小时、重庆到上海高铁最快要10.5小时、重庆到广州高铁最快要6.7小时，这使得北上广等沿海中心城市对成渝地区的溢出及互补牵引作用无法得到充分发挥。重庆市长期占据全国交通拥堵城市第一名，急需发展轨道交通减轻地面压力。二是高速公路密度较低。2019年，四川省高速公路密度排名全国第25位、重庆市排名第12位，远低于北京、上海、广东等沿海省市，并且低于同处西南地区的贵州省。三是交通管理各自为政。成渝地区道路执法标准不统一、交通信息共享不及时、事故处理配合不紧密，降低了互联互通水平；部分港口存在恶性竞争，效率不高。

（三）科技创新支撑能力偏弱

一是科技创新平台缺乏。成渝地区"双一流"建设高校仅有 10 所，为京津冀地区的 24.4%、长三角地区的 28.6%；2019 年，成渝地区拥有国家重点实验室 24 个，仅为京津冀地区的 28.2%、长三角地区的 38.7%。二是科技创新人才缺乏。2019 年，成渝地区人才总量 1243.1 万人，仅为京津冀地区的 56.5%、长三角地区的 32%；"两院"院士、国家"万人计划"专家 810 名，仅为京津冀地区的 16.9%、长三角地区的 18%。重庆市有研发人员 15.1 万人，硕士占比 21%，博士仅占 7.3%。三是科技创新成果缺乏。2019 年，成都、重庆全社会研发经费投入强度分别为 2.66%、1.99%，与北京（6.31%）、上海（4.00%）差距较大。重庆市和四川省发明专利授权数 1.91 万件，仅为京津冀地区的 21.93%，长三角地区的 19.71%。

（四）产业发展亟待转型

一是产业发展层次不高。成渝地区工业结构仍以劳动密集型产业、传统产业为主，能源原材料工业占比较大，技术密集型产业、高技术产业比例较低，产品技术含量和附加值不高，市场竞争力不强；生产性服务业发展相对滞后。二是企业创新能力较弱。中国人民大学发布的《2019 中国企业创新能力 1000 强》中，重庆市和四川省入围企业仅 21 家。三是同质化竞争严重。多年来，重庆市、成都市竞争大于合作。特别是制造业结构趋同，在集成电路、新型显示、智能终端、新一代信息技术、汽车制造等细分领域存在较为严重的同质化竞争和资源错配现象。

三、建议

与会院士专家建议，进一步在城镇建设、产业发展、改革开放创新、生态保护、公共服务等方面采取措施，推动成渝地区形成有实力、有特色的双城经济圈，打造带动全国高质量发展的重要增长极和新的动力源。

（一）系统推进城镇建设

一是实现"成渝同城"。完善交通基础设施，建设轨道上的经济圈，实现成渝1小时通勤、同城化发展。全面提升重庆市主城和成都市的发展能级和国际竞争力，在基础设施、健康安全、生态环境、文明程度等方面达到国际水准，打造独具气质的世界级魅力双都会，成为全球各类人才向往的探索地、聚集地、聚居地。二是推动"中部崛起"。推动重庆、成都都市圈相向发展，支持遂宁与潼南、资阳与大足等打破行政概念、消除行政壁垒，一体化规划建设，打造双城经济圈发展新支点。支持绵阳、乐山、万州、黔江、南充、达州、宜宾、泸州等建设区域中心城市。三是加强"次区域合作"。推动比邻市区县以打通"断头路"为重点，加强交通通道连接和水利、电网等基础设施对接，推进基本公共服务一体化，打造一批各具特色的产业合作园区，以园区和高端产业集聚促进城市化发展，加速形成城市集群和城市经济增长极。

（二）增强产业竞争实力

一是重点培育"2+4"产业集群。以打造中国制造"第四极"为目标，联合培育世界级的装备制造产业集群、电子信息产业集群，国家级的消费品产业集群、先进材料产业集群、生物医药产业集群、现代服务业产业集群。二是实施"新三线建设"国家工程。在成渝地区投放一批国防、科技、工业、交通国家级重大项目。三是推动产业竞合发展。着力拓展产业链，提升创新链本地化水平，强化成渝地区产业分工，增强产业配套协同能力。探索发展氢能智能立体交通、等离子体健康环保等产业。编制"成渝地区双城经济圈产业地图"，制定实施重点产业集群发展规划，建立重点产业发展联合体，优先实现要素一体化和准入制度一体化，形成错位发展、有序竞争、相互融合的现代产业体系。

（三）深化改革开放创新

一是提升科技创新能力。鼓励中国科学院和全国知名高校布局科研平台，研究论证设立中国工程院大学，优化创新布局。建设职业教育集群，发布《成渝地区双城经济圈急需紧缺人才目录》，支持在人才评价、外籍人才引进等政策创新方面先行先试，壮大科技人才队伍。弘扬科学家精神，建设一流科技社团、科技期刊、科技智库，支持中国科协深入开展服务科技经济融合发展行动，优化科技创新生态。二是深化重点领域改革。强化改革的先导和突破作用，深化要素市场化配置改革，积极推进科技体制改革，持续推进信用体系建设，努力营造良好的营商环境。三是加大对外开放力度。加快构建对外开放大平台和大通道，加强国内区域合作，形成"一带一路"、长江经济带、西部陆海新通道联动发展的战略性枢纽，打造区域合作和对外开放典范。

（四）筑牢生态安全屏障

一是扎实推动生态共建共保。把修复长江生态环境摆在压倒性位置，深入践行绿水青山就是金山银山理念，推动成渝地区共建生态网络、共抓生态监管、加强污染跨界协同治理，切实提高居民生态环境保护意识，共筑长江上游生态屏障。二是建立多元生态补偿机制。建立长江流域生态保护基金，建立跨省域的长江下游地区对上游地区的横向补偿机制，激励民间和社会资本参与长江流域生态补偿，形成修复长江生态环境合力。三是探索建立生态保护特区。研究论证设立三峡新区，探索参照神农架林区将城口县改设为"林区"，保护好三峡库区和长江母亲河。

（五）畅通内外联系通道

一是畅通国际开放通道。重点建设向西经川藏线再向南到尼泊尔、印度等南亚地区的开放通道，向西南经云南到缅甸皎漂港的出海通道，向东南直达粤港澳大湾区的出海大通道，向西北的蓉欧快线及渝新欧多式联运通道，向东依托长江黄金水道及沿江铁路和高速公路的出海大通道。二是畅通国内联系通道。重点加强高速铁路建设，畅通连接京津冀、长三角、粤港澳大湾区等主要城市群的交通运输网络，力争成渝至北上广的高铁运行时间缩短至 6 小时。三是畅通内部交通网络。加强双城经济圈轨道交通建设，实现成渝之间、中心城市与周边城市（镇）之间 1 小时通勤。完善双城经济圈公路体系，建立联动执法机制，推动提升交通互联互通水平。组建长江上游港口联盟，加强港口分工协作，提升港口运营管理水平和综合效益。把 5G 技术率先应用到交通领域，提升交通系统智能化水平。

（六）提高公共服务水平

一是加大公共服务供给。大力推进成渝地区教育、医疗、就业、养老等公共服务领域的协调发展，运用信息化手段，积极推动设立公共交通、社保、医保等领域"一卡通"，让更多优质公共服务惠及两地群众。二是规划建设健康城市。将健康要素纳入城市规划，加强数字及信息技术应用，建设"15 分钟健康生活圈"和"防御圈"，探索打造后疫情时代健康城市，构建卫生健康共同体。三是建设应急科普平台。中国科协、国家应急管理部支持建设国家级突发事件应急管理科普中心，作为应急联动机制的重要组成部分，打造西部地区突发事件应急管理科普的最高管理平台、科研开发平台、权威发布平台和统一指挥平台，履行战时科普和平时科普的双重职责。

与会院士专家一致认为，党中央、国务院印发《成渝地区双城经济圈建设规划纲要》为成渝地区形成优势互补、高质量发展的区域经济布局，打造带动全国高质量发展的重要增长极和新的动力源描绘了宏伟蓝图；为成渝地区拓展市场空间、优化和稳定产业链、供应链，融入以国内大循环为主体、国内国际双循环相互促进的新发展格局指明了前进方向；为重庆市、四川省谋划"十四五"发展、编制"十四五"规划提供了根本遵循。重庆市、四川省要联合建立健全工作落实机制，积极争取国家有关部门支持，切实担当主体责任，集中精力做好自己的事、同心协力办好合作的事，全面推动成渝地区双城经济圈建设，为加快构建以国内大循环为主体、国内国际双循环相互促进的新发展格局提供有力支撑。

凝聚科技人才

深化基层科协组织"三长制"改革

重庆市科学技术协会

一、主要做法和成效

2018 年年初，中国科协启动"三长制"改革，主要任务是吸纳乡镇（街道）医院院长、学校校长、农技站站长等进入基层科协担任兼职副主席。重庆市是国家 5 个试点省市之一，坚持顶层设计与基层探索有机结合，改革成效明显，走在全国前面。

（一）提高站位，突出党建引领

基层科协"三长制"改革是贯彻落实党中央把群团改革向纵深推进、向基层延伸重要部署的具体举措，是坚持党建带科建、夯实基层科协、推动科技为民的重要行动。重庆市采取两步走开展"三长制"改革。一是先行先试。2018 年 3 月，重庆市科协在全国率先出台试点方案，遴选 6 个区县作为试点，18 个深度贫困乡（镇）全部纳入试点。二是深化拓展。2019 年 12 月，重庆市委常委会听取群团工作情况汇报，充分肯定了"三长制"改革。会后，重庆市科协联合重庆市委组织部、重庆市教育委员会、重庆市农业农村委员会、重庆市卫生健康委员会下发《关于进一步深化基层科协"三长制"改革的意见》，再次动员部署，实现改革全覆盖。

（二）坚持标准，突出立柱夯基

坚持党管干部原则，抓好"三长"副主席配备工作。一是规范程序。精心遴选"三长"候选人，同级党委（工委）研究同意后，按照科协章程选举增补科协副主席。二是扩大范围。坚持因地制宜，把"三长"拓展到"N 长"，延伸到科技类企业负责人。三是提升能力。制定履职规范，开展专题培训，交流工作经验，增强统筹本领。截至 2020 年 11 月，全市有 3100 名"三长"担任兼职副主席，涌现了一批"讲政治、爱科协、愿服务"的"三长"先进典型。

（三）创新机制，突出协同联动

坚持改革的系统性、整体性、协同性，形成纵横交织、条块结合的工作格局。一是纵向指导。建立市区县科协干部直接联系"三长"制度，向"三长"免费赠送科技报刊、科普读物，推动科技社团活动、科普资源向基层倾斜，定期开展"三长"论坛，评选"三长"创新案例，做到真心服务"三长"、真诚依靠"三长"。二是横向聚力。积极协调行业部门支持，以脱贫攻坚、乡村振兴、疫情防控、科学普及等工作为主题，以科技志愿服务为抓手，以重要节日为契机，精心设计"三长"工作载体。三是网上活跃。重庆科协网开设专题网页，创建微信公众号，推动"三长"工作上网、服务上网、活动上网。

（四）拓展职能，突出改革实效

深化"三长制"改革，既强化了科协的政治功能，依靠"三长"破解基层科协与一线科技工作者联系不亲不紧的问题，把基层科技工作者更加紧密地团结在了党的周围；更重要的是拓展了科协的服务功能，依靠"三长"打破基层科技工作者的工作阻隔，协同发力，充分激发了基层科技工作者创新、创业、创造的活力。例如，彭水县近两年从整合的扶贫资金中拨出 140 万元给彭水县科协，通过 39 名"三长"副主席发动 40 多家农技协，帮扶贫困户 2100 多户脱贫致富。万州区龙驹镇科协创建"三长带三师^①"模式，被评为全国"十佳"科技助力精准扶贫示范点。江北区寸滩街道科协兼职副主席、艺才高级技工学校校长王勇累计投入 120 万元建设两江智能教育科普基地。大足区拾万镇科协副主席、农技服务中心主任王地生依托彩色水稻和功能稻选育基地每年策划举办"五彩水稻节"，带动 200 多户农户增收致富。

二、存在的主要问题

一是"三长"履职培训、监督、评价、保障等方面制度不健全，部分"三长"履职意识不强、积极性不高，发挥"最后一公里"作用还未完全打通。二是"三长"服务科技经济融合发展不够精准，部分"三长"履职主要局限在科普，不能有效满足基层多元科技需求。

三、下一步工作计划

以打造全国地方科协综合改革示范区为契机，推动"三长制"改革纵深化。一是引导"三长"坚持党建引领，领办生命健康协会、青少年科技辅导员协会、农技协，以更好地把基层科技工作者紧密聚集在党的周围。二是推动"三长"工作嵌入基层党群中心和新时代文明实践中心，更好地组织基层科技工作者建功新时代。三是依靠"三长"围绕全国科技工作者日、全国科普日、中国医师节、教师节、中国农民丰收节等重要节日开展活动，更好地提升"三长"工作的影响力和实效性。

---

① 三师指医师、教师、农艺师。

重庆市数字出版人才队伍建设
存在的问题及建议

重庆财经学院　吴江文　袁　毅　姚　惠

摘要：当前，出版业正快速向数字化和网络化转型，这对出版人才提出了新要求。重庆工商大学融智学院调研组研究发现，重庆市数字出版人才队伍建设存在人才结构不合理、人才流失严重、人才培养力度不够等突出问题，建议实施数字出版人才工程、设立数字出版职称系列、加大教育培养力度，打造一支政治强、业务精、作风好的数字出版人才队伍。

数字出版是网络文化建设和数字经济的重要组成部分，目前，重庆市已经形成数字教育出版、网络游戏、网络出版、资源数据库出版、数字出版内容创意和版权交易五大产业集群。数字出版业跨越高新技术、信息技术、文化产业等行业，推动数字出版业健康可持续发展，必须打造一支适应数字出版业发展的融合型创新人才队伍。

关键词：数字出版；人才

一、主要问题

（一）人才结构不合理

一是学缘结构不合理。截至 2021 年 5 月，重庆市数字出版及相关产业从业人员约 15 万人，其中数字出版核心业务从业人员约 4.4 万人，主要由文学、新闻学、计算机、信息工程和企业管理等专业人员构成，缺乏完全熟悉数字出版业务的融合型人才和数字出版教育专业人才。二是职称结构不合理。重庆市目前只有传统出版系列职称，其条件主要针对传统出版工作内容设定，与数字出版业务匹配性不强，新兴数字出版单位人员无法申报。重庆市现有网络出版服务许可单位24家，仅有2家是新兴数字出版单位。新兴数字出版单位申报网络出版资质难的主要原因是从业人员中拥有职称人数达不到要求。

（二）人才流失严重

据对市内主要数字出版企业抽样调查，重庆市数字出版人才流失率超过40%，在重庆市从业时间一般为3～5年，超过成熟行业人才正常流动值。主要原因是企业对数字出版重视程度不够，多数企业数字出版业务边缘化，进而导致数字出版人才在出版单位被边缘化，个人成长、薪酬待遇与其付出不成正比；出版人才发展环境不优，一旦遇到成长天花板就会跳槽到数字出版企业集聚较多、技术先进的地区。

（三）人才培养力度不够

一是各企业对数字出版人才培养缺乏中长期战略规划，不愿意对数字出版从业人员进行系统培训。二是重庆市相关部门每年举办的行业培训主要针对已经获得出版资质的单位从业人员，未获得出版资质但实际从事数字内容生产和加工的人员无法获得相关培训。

二、对策建议

（一）实施数字出版人才工程

按技术、产品、管理、市场等设立数字出版领军人物项目，遴选一批优秀人才，发挥传帮带作用和对产业人才的凝聚作用。对于领军人物要

"不求所在但求所用"，不囿于是否在重庆从事数字出版工作，符合条件的均可受聘。

（二）设立数字出版职称

一是改进人才评价方式，新增数字出版职称系列或在出版职称系列中单列数字出版职称评审条件，突出专业知识的融合性，将领衔的产业项目作为职称业绩证明材料，采用考试方式评定初级和中级职称，采用评审方式评定高级职称。二是允许数字出版及相关单位从业人员报考初级和中级职称，申报高级职称。将对推进重庆市数字出版业发展有突出贡献的人才纳入特殊人才职称评审范围。

（三）加大教育培养力度

一是整合重庆市高校、科研院所、企业数字出版相关资源，成立重庆出版学院，加强本科及以上复合型数字出版人才培养。二是建设重庆数字出版继续教育基地，积极申报国家数字出版人才计划；推进市级数字出版千人培养计划，遴选专业人才到国内外知名高校、企业集中学习理论、技术，进行实践操作；鼓励有条件的数字出版企业设立带薪实习岗位，帮助高校学生提高理论联系实际能力；建立现代师徒制度，形成有效的传帮带机制，加快人才成长速度。三是鼓励各单位设立人才培养基金，为数字出版人才学历提升、外出访问提供经费支持，市级财政根据实际发生额给予一定的补贴或纳入税前扣除项目。四是在重庆市音像与数字出版协会和相关研究机构开展"数字出版创新茶座"，定期邀请业内相关领域专家与在渝数字出版从业人员进行交流，并将参与时长纳入继续教育学时。

黔江区公立医院医疗卫生
科技工作者状况调查报告

重庆市黔江区科学技术协会　杜偲铠

摘要： 为了解当前重庆市公立综合性医院医疗卫生科技工作者情况，本文通过对黔江区中心医院、黔江区中医院、黔江区妇幼保健院90多名医疗卫生科技工作者进行问卷调查，实现了"解剖麻雀，方知肝胆俱全"的调查研究效果。根据调查的要求和目的，调查包括医疗卫生科技工作者基本情况、职业评价、培训发展、课题研究、心理预期、生活状况等多维度、多方面的内容，研究了他们对现状的满意程度、工作中存在的问题、未来发展需求及工作建议。

关键词： 医疗卫生；科技工作者；状况调查

一、调查的总体情况

（一）调查内容和调查方式

调查采用网络问卷抽样调查无记名填写的形式。问卷共分为四部分：第一部分是个人和所在单位基本情况，第二部分为医疗卫生科技工作者生活状况、心理预期和发展需求，第三部分为公立医院科技工作者个人发展中存在的问题，第四部分为做好医疗科技工作者相关工作的建议。调查对象为黔江区中心医院、黔江区中医院、黔江区妇幼保健院的医疗卫生科技工作者。调查方式采用问卷调查和实地调研，问卷调查以网络在线调查和发放纸质问卷相结合，问卷共涉及医疗卫生科技工作者关心关注的题目65个。

本次调查共发放问卷 102 份，回收 92 份，其中有效问卷 86 份，回收率为 90.1%，有效率为 84.3%，达到了研究样本的标准。有效样本中有医疗卫生专家、医师、医疗卫生工作管理者、医疗卫生技术服务人才、高级专家人才等。

（二）医疗卫生科技工作者基本情况

从调查结果上看，年龄在 30 岁以下、31～39 岁、40 岁及以上的医疗卫生科技工作者分别占 32.5%、48.6%、18.9%；学历为本科、硕士、博士的医疗卫生科技工作者分别占 75.43%、18.8%、5.77%；工作年限为 5 年及以下、6～10 年、10 年以上的医疗卫生科技工作者分别占 45.62%、39.20%、15.18%；职称为中级及以下、副高级、正高级的医疗卫生科技工作者分别占 48.26%、36.91%、14.83%（图 1）。

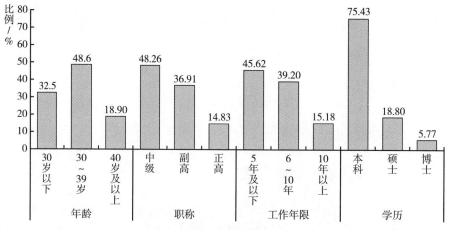

图 1　调查对象的基本情况

二、调查反映的主要情况分析

（一）医疗卫生科技工作者整体工作压力较大

随着社会的发展，当今人们的生活质量和水平显著提高，人民对医疗服务质量的要求也越来越高。质量的提升与质量的要求相辅相成。通过调查发现，58%的问卷填报者工作时间超过8小时。同时有一部分每周要值夜班。对于工作压力，70%的医疗卫生科技工作者表示压力比较大或非常大（图2）。压力来源占比依次为医患关系、工作强度、家庭关系、知识更新（图3）。

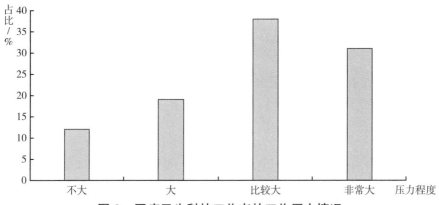

图2 医疗卫生科技工作者的工作压力情况

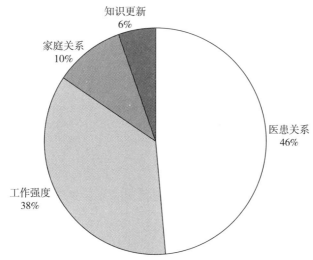

图3 医疗卫生科技工作者压力来源

（二）医疗卫生科技工作者普遍重视职业培训

从工作岗位的要求来看，从上手到成熟需要一个完整的职业生涯周期，而职业发展过程都需要岗位技能再培训。调查显示，医疗卫生科技工作者比较在意在职职业培训与进修，这对自身素质的提高和医院的长远发展有着重要意义。在参与培训这一选项中，55% 以上的医疗卫生科技工作者觉得机会较少，覆盖面还不足，其他原因还有本职工作较忙、家庭责任重、实用性低等（图 4）。在主动参与培训方面，55% 的被调查者认为自己完全或部分主动能做到（图 5）。医疗卫生科

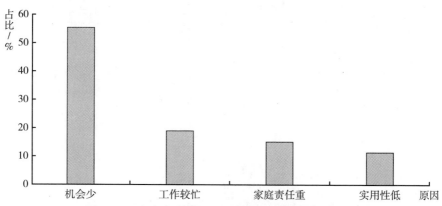

图 4　医疗卫生科技工作者较少参与培训的原因

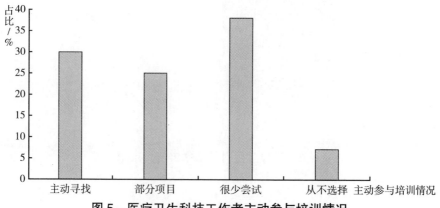

图 5　医疗卫生科技工作者主动参与培训情况

技工作者参与培训的渠道依次为互联网、书籍报刊、专题培训、在职教育（图6）。

在晋升次数与晋升时间的调查中，参加过职业培训的医疗科技工作者在职场晋升次数上明显多于没有参加过的（图7）。以参加此次调查的人员为例，入职3～5年就获得晋升机会的比例明显高于其他人（图8）。由此可见，职业培训对于晋升和较早实现晋升具有一定的推动作用。

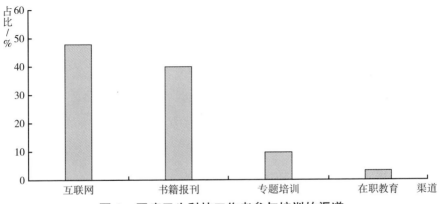

图6　医疗卫生科技工作者参与培训的渠道

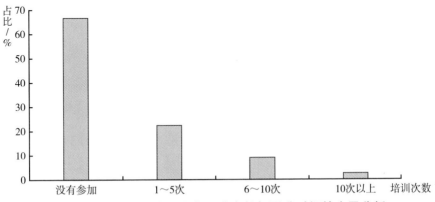

图7　医疗卫生科技工作者晋升次数与晋升时间的交叉分析

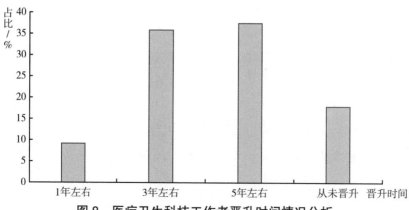

图8 医疗卫生科技工作者晋升时间情况分析

（三）医疗卫生科技工作者广泛重视科研规划

医疗卫生科技工作者通过了解和掌握技术创新的理论指导医疗实践。通过调查发现，医疗卫生科技工作者认为医院最应该具备的创新目标依次为管理机制改革的创新（33.13%）、思想观念更新的创新（27.44%）、人才培养模式的创新（24.92%）、前沿技术运用的创新（14.51%）（图9）。此外，创新模式的重要程度依次为制定合理奖励政策和激励机制（35.96%）、形成良好创新氛围（26.19%）、继续教育模式的创新（19.65%）、尖端治疗设备的引进（18.20%）（图10）。创新创造活动中

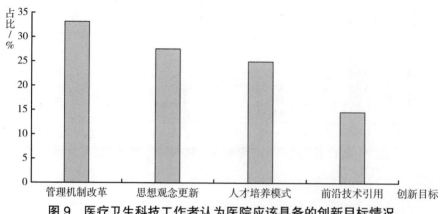

图9 医疗卫生科技工作者认为医院应该具备的创新目标情况

主要困难排名靠前的分别是很难争取到项目（45.28%）、缺少学术氛围
（15.25%）、经费不足（8.62%）、创新机制不灵活（5.25%）（图11）。

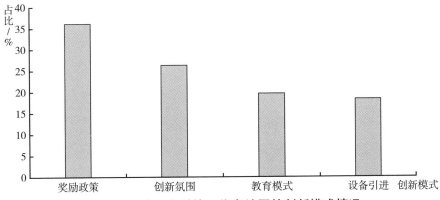

图 10　医疗卫生科技工作者认同的创新模式情况

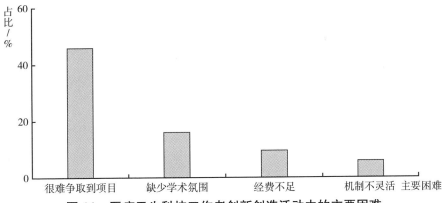

图 11　医疗卫生科技工作者创新创造活动中的主要困难

　　通过课题研究的调查发现，医疗卫生科技工作者进行课题研究的
主要动机为"评定职称的主观需要"，占比72.35%；"自我提升的主观
需要"占比为24.20%；剩余情况占比较多的为"科技工作的客观要求"
（2.25%）与"行业氛围的客观要求"（1.2%）（图12）。因此，职称评
审时的规定要求已成为绝大多数医疗卫生科技工作者进行课题研究的首
要需求。通过对医院助力课题研究的满意度调查发现，非常满意的医疗

卫生科技工作者占比 15.78%、比较满意的占比 68.6%、不满意的占比 9.8%、非常不满意的占比 5.82%（图 13）。

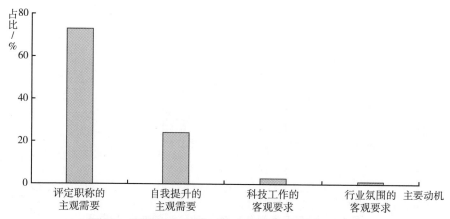

图 12　医疗卫生科技工作者课题研究的主要动机

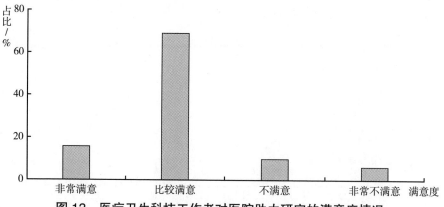

图 13　医疗卫生科技工作者对医院助力研究的满意度情况

（四）医疗卫生科技工作者普遍满足心理预期

调查结果显示，医疗卫生科技工作者目前生活与发展中排名靠前的问题分别是工作压力太大（39.85%）、工资待遇偏低（34.25%）、工作环境压抑（18.20%）与其他（7.7%）（图 14）。在职业要求与自己的心理预期方面，医疗卫生科技工作者认为自己完全符合岗位要求的占比 78.7%、能够胜任岗位要求的占比 14.6%、需要提升自我能力的占比 5.8%、能力缺失的占比 0.9%（图 15 ）。

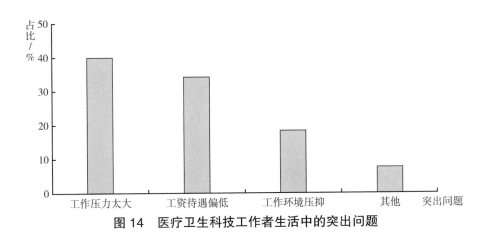

图 14　医疗卫生科技工作者生活中的突出问题

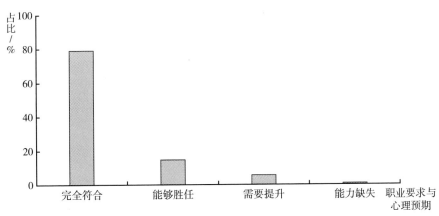

图 15　医疗卫生科技工作者的职业要求与心理预期情况

三、医疗卫生科技工作者存在的突出问题

通过调查发现，本区公立综合医院医疗科技工作者整体职业素养较高，为保障人民健康作出了突出贡献，但也面临着一些突出问题。其中，既有自身的主观问题，也有外部环境的问题，应该高度重视。

（一）从业人员稳定性还需加强

从整体情况看，医疗卫生科技工作者的总量逐年增加，同时，稳定的整体队伍对于地区卫生服务的发展也至关重要。本次调查中设置了从业人员"是否有离开现工作单位的想法"的问题，有48%的医疗科技工作者表示有过这一想法，这提醒管理人员要足够的重视。对于青年科技工作者，特别是工作年限低于5年的被调查者，工资收入是他们唯一的经济来源，按照马斯洛需求印证，如何在城市中独立生存是青年科技工作者考虑的重要问题之一。如果在短时间内不能迅速提高自己的薪资，必然影响队伍的稳定性，进而带来人员外流的风险。

（二）从业人员满意度还需加强

从业人员的稳定性与满意度是相辅相成的，特别是基层从业人员，满意度较低与产生过离开想法的人员是有重叠的。通过调查得出导致满意度较低的主要因素有3个：①工作的压力和医患关系的压力在被调查者中占比达58.2%。②目前的管理制度与具体落实还有差距，对于制度设置绝大多数人表示认同，但相关具体措施还需要进一步落实。③对收入的满意度还有提升空间，具体反映在从业人员从事的工作与实际收入不匹配，这类人员占比为17.8%。提高医疗卫生科技工作者的满意度是一项重要工作，为实现医学中心目标，提高人员满意度至关重要。

（三）相关政策扶持的力度还需加强

近年来，黔江区相继出台了一些利好政策，有力促进了整个医疗行业持续健康发展，充分调动了医疗卫生科技工作者的工作积极性。当前，重庆市正加快启动实施西部医学中心建设，致力于将重庆打造成全国医学高地。黔江区正为成为西部医学中心副中心全力以赴，通过优化资源布局、引进学科人才提升核心竞争力，为黔江区医疗卫生行业的发展注入了强劲发展动力。但是，在贯彻落实方面，由于对政策的解读和把握不一致，造成了具体执行的不一致，导致部分人员的不满。特别是科研制度的转化，目前，科研制度的转化率还有待提高。因此，构建一套科学的评估体系与转化体系显得十分重要，在提高医疗卫生科技工作者积极性和创造力的同时，努力围绕以人民群众需求为导向的科学研究，努力提升科研成果的转化率，解决人民群众对于身体健康的需求。

（四）职称制度改革的深化还需加强

通过调查发现，医疗卫生科技工作者如果想尽快提升满意度和安全感，除行政职务的提升外，提高职称是一个重要渠道。但目前职称评审制度还存在着一些问题，如标准的制定、评价的方法、人员的指标还不尽完善。具体来看，一是不同医院的具体情况不同，但均使用同一套标准体系评审，容易造成竞争的差异化。二是评审指标对论文、科研的要求过高，忽视了岗位实践的比例，从而导致"重论文、轻能力"的现象发生，不利于整体队伍业务能力水平建设。

四、进一步做好医疗卫生科技工作者相关工作的建议

从经验来看，医疗保障的主体是医疗机构，但医疗机构的工作重心是做好人的工作。医疗强区，质量优先。要提升机构与人才的双向质量，助推行业整体和谐健康发展，就要求未来在政策、培养、使用等方面持续发力，党的十九大报告中提出"实施健康中国战略"，把我国建成富强民主文明和谐美丽的社会主义现代化强国打下坚实健康的根基。

从现实来看，黔江区正紧密围绕创建西部医学中心副中心这一目标，以优化医疗资源布局为抓手，以深化医疗改革为动力，以健康中国建设

为主线，扎实推进卫生健康各项工作。截至目前，全区共建成三级甲等医院 1 所，正在建设三级甲等医院 1 所，建成国家级特色专科 1 个、市级医学特色专科和重点学科 17 个，全区副高级以上卫生专业人才 325 人，全面提升了基本公共卫生服务均等化水平，居民平均期望寿命达到 77.4 岁，高于全市平均水平。

同时，黔江区正在创建渝东南区域医疗高地，根据重庆市黔江区人民政府办公室印发的《黔江区贯彻落实重庆市"十三五"深化医药卫生体制改革规划实施方案的通知》精神，重点完善分级诊疗制度、建立现代医院管理制度、健全全民医疗保障制度、建立健全药品供应保障体系、健全综合监管机制、统筹推进相关领域改革，因此，黔江区医疗卫生服务事业正面临着前所未有的机遇和挑战。

（一）政策上需要持续加强保障力度

党的十八大以来，我国深化医药卫生体制改革取得突破性进展，"在实现权责清晰、管理科学、治理完善、运行高效、监督有力"的现代医院管理制度方面取得突出成绩。2018 年 3 月 10 日，习近平总书记参加重庆代表团审议时提出的"两地""两高"目标，为重庆市发展指明了方向和路径，提供了根本遵循，成为重庆市把党的十九大精神和习近平总书记殷殷嘱托全面落实在重庆大地上的"定盘星""总依据""大蓝图"。据此，通过本次调查发现，要加快医疗卫生科技工作者队伍建设，最需要加大保障力度的政策性支持，主要体现在以下 3 个方面。

1. 实施提升核心竞争力的政策保障

面对新形势下的人才竞争，在顶层设计方面要深化政策保障力度，以岗位能力提升为核心，做好人才培养、引进和任用 3 个环节，尽最大力量保障人尽其用、才尽其专、用尽其才。医疗机构的竞争归根结底是医疗卫生科技工作者的竞争，但人才特别是高端人才依然稀缺，所以，要尊重人才、重视人才，进一步深化人才机制，制定吸引人才、培养人才、留住人才的相关制度。

2. 实施提升科研成果转化率的政策保障

医疗机构科技成果转化是个复杂的系统工程，同时是一项有风险的事业。没有政策作后盾，没有政策保障，个人或医院很难实现。科技成果要迅速转化，首先是政府要加强引导，制定相应的政策。同时，政策需要不断修订和完善，更好地鼓励科技创新，促进技术转移和科技成果转化。在市场经济条件下，企业的生存和发展取决于企业的技术创新、吸纳科技成果的能力和经营管理的能力，而不是仅靠资金、人力的投入。因此，政府应当在科技成果转化和推广过程中起到良好的引导作用，应加强职能建设，出台相关引导政策，积极引导和支持医疗机构与高校建立相关科研机构和研发平台，尽快承担科技成果转化的重任，推动、搞好科研成果的转化。政府应组织有关部门制订有效的产业政策、产业技术政策和产业结构政策，其根本目的是引导和推动技术转移和成果转化，促进医疗行业可持续健康发展。

3. 实施提升从业者安居乐业的政策保障

根据相关层次需要理论，物质的基本需求是个体发展提高的基础，但目前，特别是职称低、就业年限短的青年科技工作者生活压力较大。医疗卫生科技工作者生活水平偏低，在不同程度上承担着来自生活、工作、社会的压力，因此不能全心全意投入本职工作与科研工作，这必然会造成对资源的浪费，继而影响到他们的工作状态和工作质量。因此，要研究一系列保障政策，在收入增长、住房保障、子女上学等方面持续推进，进一步坚持公平公正的原则，建立更加积极的激励措施，充分调动医疗卫生科技工作者的主观能动性，充分发掘其科技创新的潜能，满足他们生活和工作中的合理诉求，从制度上保障医疗卫生科技工作者安心工作，全力创新创造。

（二）进一步拓宽晋升渠道，打通继续学习平台

2018年全国"两会"期间，习近平总书记在参加广东代表团审议时强调，发展是第一要务，人才是第一资源，创新是第一动力。实际上，党的十八大以来，习近平总书记就高度重视人才工作，并提出了一系列新思想、新论断、新要求。因此，面对新形势、新任务，我们要树立科学的人才观，努力提高人才工作科学化水平。科学人才观的核心是坚持以能力和实绩来衡量人、评判人、选拔人。科学、公正、客观地评价医疗卫生人才综合素质与整体能力，制定全面、完善的职称晋升标准，并使各项指标具有可操作性。

1. 制定科学职称量化评价标准体系

在构建职称量化评价指标体系的过程中，应充分考虑各类各级专业技术人员的任职条件和岗位职责要求，明确德能勤绩廉并重的标准。从工作能力、工作业绩、工作创新、科研水平等方面为职称晋升提供真实可靠的依据。

2. 采用分级的评审方法评审不同级别医院的职称晋升

分类制定三级医院与二级医院不同标准的评审办法，区分主城医院与区（县）医院的晋升标准，处理好统一标准统一评审工作的不利因素。同时，解决基层医院晋升名额问题，保障基层医院晋升高级职称难的问题得到有效解决。

3. 淡化"唯科研、唯论文"的强制要求

根据《关于深化职称制度改革的意见》要求，坚持以医疗服务水平、质量为导向，加强顶层设计，建立现代医院管理制度，充分发挥职称自主评审的"指挥棒"作用，吸引、培养一批优秀的医疗卫生科技人才，增强干事创业氛围，全面推动高水平人才建设工作，为群众提供优质的医疗卫生健康服务。在完善继续教育、在职培训方面，努力构建完善的

机制，做好人才培养相关工作，为确立竞争优势，把握发展机遇奠定坚实基础。

4.搭建培训教育平台

建议有关部门为医疗卫生科技工作者搭建继续教育和交流的平台，深化继续教育培训与学术交流。一是加强与高校之间的合作，定期组织继续教育培训的专项合作。二是探索构建医疗机构与高校之间学习、交流与共享的平台。加强获取第一手资料的力度和获取前沿科学技术的渠道，较快提升相关人员的专业素质和创新能力。

5.完善医疗卫生科技工作者的培养机制

促使相关人员在创新创造中发挥主体作用，加大对他们的培养力度，提高其专业能力和解决难题的能力，拓宽行政管理职务和专业技术职务的发展道路，打通需求与现实之间的梗阻。在实际工作中，提高医疗科技工作者的责任意识，加强相关政策的复制，形成培养机制和激励惩罚机制，激发全员工作积极性。

6.加大在职培训的力度和覆盖面

目前，经过政府和行业主管部门的努力，加大了培训的力度和拓宽了培训的范围，但是灵活多样的培训体系还需要进一步完善。伴随着互联网技术的发展，通过网络平台培训是加大培训力度和覆盖面的有效途径。针对不同人群和职称，创办网络主题培训班，通过网络自学的方式提高医疗科技工作者学习的效率。同时，在继续教育的内容上也需要不断创新，要及时更新培训内容，针对不同学历、不同职称、不同能力的人员分别组织业务培训，开展积极有效的在职培训。坚持"走出去、引进来"的人才培养模式，邀请专家学者定期授课交流，让相关人员不断接受新理念，学习新技术，不断提升自身业务水平和知识结构。此外，加大资金投入，为进一步提高在职人员的学历、专业知识水平、业务能力提供坚强有力的保障。

（三）着眼发展战略，着力构建区域人才高地

2019 年 11 月 9 日，2019 重庆英才大会召开。这次大会由重庆市委、市政府主办，是重庆市高规格的国际性招才引智盛会，旨在搭建智慧碰撞、项目对接、人才交流的国际性、高端化平台。医疗卫生科技人才的引进要借助这一平台，进一步实施更加开放、积极的人才政策，聚天下英才而用之。此外，还需要加快制定人才引进的措施和制度，努力构建人才引进、培养与奖励三位一体政策，积极打造人才聚集高地。为了更好地发挥对人才的聚集作用，要在科研高地建设上下功夫，积极推进重点实验室、国家高新技术企业和科技孵化器等高科技研究平台建设。同时，要加大项目孵化器建设，不断增强人才创新创业的承载力。根据所引进人才的实际生活需求，研究教育、医疗等方面的保障措施，不断完善高层次人才在落户、居住、医疗、职称申报、配偶就业、子女教育等方面的优势保障，为优秀人才提供安心舒适的创业和居住环境。

做好人才高地聚集工作。在做好常规人才引进工作的同时，要注重在领军人才和急需人才引进上下功夫。注重人才引进工作的个性化、专业化，尽最大努力将工作做细做实。在管理模式、机制体制上下功夫，同时注重本土人才的培养，加强本土人才归属感建设，充分发挥本土人才的潜力和情感优势，给他们更多施展才华的机会。

众所周知，要想留住并留好人才，要在"制度留人、事业留人、待遇留人、情感留人"上下功夫，这就要求在人才培养工作上持续发力，在分配制度和激励措施上有所创新，对特殊人才、有重大贡献的人才进行政策最大化支持，激发高层次人才的主动性和积极性。同时，突出"高精尖缺"导向，提出构建技能形成与提升体系，强化评价、任用、激励工作等培养人才。更加重要的是营造一个尊重人才、爱护人才的良好环境，着力优化人才发展环境。树立人才优先发展的理念，把优化人才发展环境放在

突出位置，抓紧出台有效的配套措施，着力加强激励关怀力度，提升管理服务水平，畅通事业发展渠道，让引进人才生活更舒心、工作更安心、发展更顺心。要加大人才工作宣传力度，大张旗鼓地宣传优秀人才干事创业的先进事迹，表彰奖励有突出贡献的人才，在全社会营造重视人才、尊重人才、关爱人才、成就人才的浓厚氛围，让人才"留得住""留得好"。

（四）着力完善成果创新与转化的激励措施

科技是第一生产力，创新是第一动力。科技成果是提高社会发展综合竞争力的重要驱动，特别在医疗科技创新成果方面，有可能解决相关重大疾病，为提升国民健康水平服务。然而，实际上，科研成果只有转化成生产力，转化为规模化产品才能发挥最大的经济价值和社会效益。在突出创新创业、加速科研成果产业化发展方面，正是为了增强重庆市医疗行业的综合实力，为重庆市经济社会朝着好又快的良好局面发展提供健康保障。

1. 多形式宣传医疗科技成果转化的相关政策

目前，国家、市、区三级都已出台相关科研成果转化的法律法规，各级领导要带头学习，增强法律意识和责任意识，努力提高自身的行政能力。探索健全目标责任制实施，整体全面梳理现有科研成果，建立科研成果项目库并进行优先级排序，把科研成果转化作为一项重点记入重点工作安排，并实时监督与推进，加强责任倒追机制，对不作为、慢作为的相关部门和人员作出责任追究。通过采用媒体宣传、网络宣传、会议宣传等方式向全社会进行科研成果转化政策宣传，积极营造"一般人员一般知晓""重点人群重点知晓""参与人员全部知晓"的社会与舆论氛围，并将思想认识统一到依靠科研成果转化能够提高社会经济发展上来，上升到依靠科技创新能够助力产业结构转型升级上来。

2. 多维度制定医疗科技成果转化的具体措施

积极落实国家相关政策，完善本地的《医疗科技成果转化实施办法》，对医疗科技成果转化在政策上进行规定，特别是在具体工作中的组织管理、运行管理、利益管理等方面做出明确规定，以此保持转化工作的依法依规执行。相关部门要研究制定医疗科技成果转化对接详细工作方案，紧密围绕医疗科技成果转化的实际问题，充分发挥金融、中介作用，利用好"线上＋线下"资源，积极落实医疗科技成果转移转化政策，深入组织实施医疗科技成果转移转化精准对接活动。提升医疗科技成果转化率，加强医疗科技成果向企业转移转化能力，培育一批市场化、专业化医疗科技成果转移转化机构和人才队伍。

在具体措施中还需进一步明确相关要求。一是明确加快推进医疗科技成果转化对实现打造创新创业亮点的整体目标，将工作的难点、痛点进行摸底和排查，然后进行化解，其重点在医疗科研成果转化项目发布、转化载体构建、成果交易及产业化发展等领域重点布局，着力构建医疗科技成果转化的系统性和全局性。二是要为医疗科技成果的转化提供专门服务，对开展医疗科技成果应用推广、标准制定和研究等进行精准对接和服务，并探讨引进专业机构进行市场化运作。三是提供知识产权保护的相关服务。医疗科技成果是智力研究的具体体现，是医疗卫生科技工作者智力劳动的结晶。加强对知识产权保护，组织开展专利申请、预警和保障工作，对专利申请成功的医疗科技成果要加以奖励，推进医疗科技成果转化为现实生产力，为提升经济效能作出更大的贡献。

3. 多渠道加大医疗科技成果转化的投入力度

一是按照科技含量和技术变革要素制定经费投入机制。加大对研发"卡脖子"关键核心技术的支持力度，进行创业资金投入，积极推进相关研发工作持续健康发展。二是要加强与民间合作。按照市场经济的特点，形成政府主导、机构主抓、资本参与的多元化融资机制，依靠多渠道的共同扶持，拓宽科研成果的融资渠道。三是加大对临床试验引入的帮助。在医疗科技成果进行临床试验及技术工业化生产的过程中，完善代工及自我生产孵化机制。我国科技成果与产业脱节情况普遍，主要原因在于我国的科技成果大部分出自科研院所而不是企业。科研机构希望科技成果能尽快得到转化，企业也希望通过科技进步提升价值优势，这便促成了以促进科技成果转化为目标的各种联盟的出现，因此应当鼓励建立以医疗机构牵头的技术创新和产业化联盟，同时政府应加大对科技成果转化平台建设的支持力度。坚持以市场为导向，把创新能力、运营能力、工程设计能力与资本相结合，促进科技成果有效转化。建议政府在资金、立项、土地、税收和人才政策等方面加大支持力度。同时应当规范科技成果交易平台，促进科技成果有效对接和转化。对现有的交易平台进行清理和规范，按行业或领域分类设立，规范专业技术资源和从业人员能力标准，提高平台的服务能力和质量，促进科技成果有效对接和转化。

4.多方面发挥医疗科技成果转化的主体作用

医疗机构是医疗科技成果转化的实施主体，要多方面发挥医疗机构在医疗科技成果转化中的关键作用。加强与企业和市场互动，把握市场方向，积极引入企业与资本在医疗科技成果转化中的过程化管理，并由此引导医疗卫生科技工作者、医疗机构、资本投入方搭建统一平台，明确各方职责，充分保障医疗卫生科技工作者在医疗科技成果转化中的合法权益，有效解决企业技术创新和科研成果转化的动力问题。

多方面的主体作用具体包括：一是政府的主体作用。科技成果转化是一项复杂的系统工程，也是一项风险性事业。没有政府的资助，个人或机构很难实现成果转化或成果转化率不高。在具体的科技成果转化和推广过程中发挥引导作用，重点支持有条件成立科研机构的单位改革创新，并组织相关部门应尽快制订有效的产业政策，从而整合人力、财力和物力，发挥整体比较优势，提高技术研发水平，形成规模化发展和生产能力。二是医疗机构也是医疗科技成果转化和推广的重要主体。医疗机构在科研政策允许的情况下，或征寻医疗科技成果的合作者，也可以独立或与境内外企业、事业单位等进行医疗科技成果转化、承担政府组织实施的科技研究和科技成果转化项目。在市场经济的条件下，企业的生存和发展取决于企业的技术创新、吸纳科技成果的能力和经营能力，而不是仅靠资金、人力的投入。要不断提高企业是科技成果转化主体的认识，勇挑重担，使企业将科技成果应用于产品开发和生产，使企业真正成为促进科技成果转化的重要力量。三是第三方技术服务机构的主体作用。第三方技术服务机构涉及科研技术服务、产业技术服务、后期工商管理及法律顾问等，它们存在于技术市场化的各阶段，打通了技术供给方与需求方的联系，是技术与经济的结合点，是技术进入市场的重要渠道，对于技术市场化的进程有很大的推动作用。四是科研工作者的主体作用。目前，从事科学研究的研究人员应该从立项开始就仔细研究市场特征和需求，提前介入和思考科技成果转化的可行性。特别要对可能采用该项科技成果的企业进行考察和调研，减少工作的盲目性和被动性，更好地适应企业和市场的需求。在形成初步研究成果的同时，积极做好技术成果转让的相关工作。

5.多平台健全医疗科技成果转化的结合机制

医疗卫生科技工作者和医疗机构在医疗科技成果研究启动、运行等环节要打通多平台联动的机制，重点是研究和生产两个环节涉及的平台。

一是商品市场的需求要素。医疗卫生科技工作者和医疗机构要准确把握当下的难点与市场的密集需求。总之，科技成果的转化成功与否取决于技术水平，通过自身技术的详细分析与评估，结合商品市场的竞争力分析，就能知晓市场到底需要什么样的科技成果，同时也能更好地调整自己研究的方向，明确研究的目标。

二是成果市场的需求要素。科技成果的转化前提是其能够商品化且被市场承认。这样，研究人员能够客观地掌握成果使用后所达到的效果，同时成果市场的生产方能够快速找到对自己真正有用且具有核心竞争力的新技术，还能及时预判生产时所需要的生产力，从而做出是继续使用原有资产还是需要补充新的资产的决定，这样，新产品和新技术就能第一时间实现经济价值和社会价值。

三是生产单位的需求要素，生产单位都希望比别人更早地掌握新技术或新手段，并尽可能实现专利保护，形成对市场的有效控制。加强与生产企业的沟通，能够使双方加深了解，促进强强联合。生产单位转化前介入能够提高研究成功的概率，科研机构不会因为缺少新技术研究经费而使项目搁浅。同时，在全流程介入环节，其能够对生产的可能性进行专门论证，对技术市场、成果市场等进行预测和判断，这更加有利于实现成果与市场、生产的精准对接，降低科研项目失败的概率。

这几个平台要素之间是相互依存和相互影响的，商品市场是研究立项的前提和动力；技术研究是核心竞争力，是主体因素，是生产单位取得成果的保证，也是面向市场生产的关键途径。多平台健全的科研成果转化机制是实现医疗卫生科技工作者科研成果转化的有效保障，只有将这几个平台融会贯通，才能有效地发挥其作用。

新冠肺炎疫情防控一线医务人员
心理健康调研报告

重庆市渝北区人民医院

廖海霞　刘廷容　杨　檬　龚　唯　何莹菲

摘要: 为了解新冠肺炎疫情防控一线医务人员心理健康状况及影响因素,为制定有效的心理干预及社会支持措施,本研究以重庆市渝北区人民医院为调查对象,采用卡方检验和 Logistic 回归分析路径得到问卷调查结果: 焦虑总体评分 46.38±11.76, 职业、从事目前职业年限、工作量、家庭生活影响差异有统计学意义,其中职业为护士是独立影响因素; 抑郁总体评分 53.09±12.14, 婚姻状况、职业、工作量、家庭生活影响差异有统计学意义,其中已婚、工作量大和家庭生活受影响是独立影响因素。结合访谈结果分析得出结论: 疫情防控一线医务人员心理健康整体水平良好,优于预期,但中度抑郁者占比较高,值得注意; 理性认知、社会支持、人文关怀是有利因素,非常态工作环境、家庭责任缺位、缺乏系统性心理干预是不利因素。基于实证调查,本研究提出心理干预的建议: 政策层面应细化措施、强化落实,切实保障疫情一线医务人员利益; 管理层面应继续加强岗前培训和人文关怀,不断优化工作模式、改善工作环境,建立系统、专业、长效的心理干预机制; 个人层面应正确认识、自我监测、积极调适,主动寻求专业援助。

关键词: 新冠肺炎疫情; 防控一线; 医务人员; 心理健康

一、研究背景、目的及意义

新冠肺炎疫情是国际关注的重大突发公共卫生事件，严重损害人类生命健康。在医院这个抗击疫情的主战场上，一线医务工作者作为守护人民生命健康的主力军，坚守奋战在最前线，但他们也面临着工作任务重、感染风险高、工作和休息条件有限、心理压力大等困难，使其身心健康难以得到保障。因此，新冠肺炎疫情期间，关心一线医务人员的身心健康被提到了前所未有的高度。在习近平总书记的指示下，国家有关部门发布了《关于改善一线医务人员工作条件切实关心医务人员身心健康若干措施的通知》等，特别强调要"加强对医务人员的人文关怀"和"加强心理危机干预和心理疏导，减轻医务人员心理压力"。

在疫情防控中，重庆市渝北区人民医院作为区级定点救治医疗机构，在承担区内主要救治责任的同时，还对境外来渝可疑患者进行初筛和隔离，以防范输入性疫情，为严守重庆市北大门起到了重要作用。截至2020年6月，医院已协调400多名医务人员参加抗疫，30多名医务人员至今仍奋战在一线。已有研究发现，疫情防疫期间，一线医务人员出现过焦虑、抑郁、恐惧等负性情绪，这给他们后续的生活和工作带来影响和困扰。基于此，本研究拟通过对疫情防控一线医务人员焦虑、抑郁等心理健康情况进行调查，并探讨其影响因素，为制定有针对性的心理危机干预及社会支持提供科学依据。

二、研究内容与方法

（一）研究内容

研究内容包括突发公共卫生事件中医护人员心理健康相关理论研究、

新冠肺炎疫情防控一线医务人员心理健康现状调查研究、疫情防控一线医务人员心理健康影响因素研究、促进防控一线医务人员心理健康的对策研究。

（二）研究方法

1. 概念定义法

焦虑常表现为不明原因的紧张不安，如肌肉紧张、运动性不安等，常伴有自主神经功能紊乱等症状。行为主义理论认为，焦虑是在环境刺激下产生的一种条件反射；精神分析理论认为，焦虑源自内心的心理冲突，是童年或少年时期被压抑在潜意识中的冲突成年后被激活了。

抑郁又称情感低落，以显著而持久的心境低落为主要特征，临床表现从闷闷不乐到悲痛欲绝，多数病例有反复发作倾向。行为主义理论认为，抑郁是由于个体未能在与他人的社会交往中产生肯定性的强化，从而易产生沮丧、消沉等情绪；精神分析理论认为，当个体不能达到预期目标时，自我调节机制发生障碍，容易导致抑郁。

焦虑、抑郁既是常见的神经症性障碍，又是心境障碍；既属于精神病学的研究范畴，又是心理学的研究热点。有鉴于此，本研究主要从焦虑、抑郁角度调查分析新冠肺炎疫情防控一线医务人员心理健康状况，并提出相应解决方法。

2. 文献研究法

通过搜集、查阅相关文献和书籍等了解突发公共卫生事件中一线医务人员心理健康相关理论。

3. 问卷调查法

编制《重庆市渝北区人民医院新冠肺炎疫情防控一线医务人员心理健康调查问卷》，内容包括一般资料、疫情防控情况、焦虑自评量表、抑郁自评量表。

本研究以重庆市渝北区人民医院为调查单位，采取抽样法抽取一线医务人员 60 名并发放调查问卷，排除无效问卷 1 份，实际回收有效问卷 59 份，有效回收率为 98.3%。问卷调查采取网上填写的方式进行。

4. 半结构式访谈法

结合疫情防控一线医务人员特点编制半结构式访谈提纲，与他们进行深度访谈，补充问卷调查中无法表达的内容，以发掘潜在的问题。

5. 统计分析方法

运用 SPSS 21.0 软件对所获取的数据进行处理与分析。采用卡方检验和 Logistic 回归分析，检验水准 $\alpha=0.05$。

三、问卷调查与访谈结果

（一）问卷调查结果

1. 被调查医务人员一般资料及焦虑和抑郁评分情况

本次有效问卷调查的医务人员共 59 名，其中医生 20 人、护士 30 人、医技人员 9 人。医务人员总体焦虑评分为 46.38 ± 11.76，总体抑郁评分为 53.09 ± 12.14（表 1）。

表 1　被调查医务人员一般资料及焦虑和抑郁评分情况

变量	人数／人 （占比／%）	焦虑评分	抑郁评分
性别			
男	13（22.0）	45.29 ± 18.37	51.63 ± 11.90
女	46（78.0）	46.68 ± 9.37	53.51 ± 12.30
政治面貌			
党员	17（28.8）	43.16 ± 9.64	48.46 ± 10.71

续表

变量	人数／人（占比／%）	焦虑评分	抑郁评分
团员	13（22.0）	46.73 ± 12.31	53.27 ± 13.07
群众	29（49.2）	48.10 ± 12.61	55.73 ± 12.09
婚姻状况			
未婚	14（23.7）	40.80 ± 9.39	45.45 ± 10.66
已婚	45（76.3）	48.11 ± 11.97	55.45 ± 11.67
学历			
大专及以下	11（18.6）	53.41 ± 9.94	59.77 ± 7.64
本科	29（49.2）	44.87 ± 9.27	52.41 ± 13.44
硕士研究生及以上	19（32.2）	44.61 ± 14.83	50.26 ± 11.16
职业			
医生	20（33.9）	43.31 ± 14.70	49.81 ± 12.72
护士	30（50.8）	49.33 ± 9.76	56.21 ± 12.35
医技	9（15.3）	43.33 ± 7.80	50.00 ± 7.50
从事目前职业年限			
5 年以下	13（22.0）	40.29 ± 7.31	46.44 ± 10.59
5～10 年	21（35.6）	48.99 ± 10.63	56.55 ± 10.18
10 年及以上	25（42.4）	47.35 ± 13.65	53.65 ± 13.38
职称			
初级及以下	31（52.5）	45.24 ± 10.38	50.85 ± 12.46
中级	25（42.4）	47.40 ± 13.21	55.60 ± 11.44
副高及以上	3（5.1）	49.58 ± 15.93	55.42 ± 14.49
参与疫情防控所在岗位			
发热门诊	23（39.0）	50.65 ± 15.21	53.21 ± 13.78
隔离病区	27（45.8）	43.75 ± 7.90	54.03 ± 12.11
检验检查科室	9（15.2）	43.33 ± 8.80	50.00 ± 7.50

续表

变量	人数／人 （占比／%）	焦虑评分	抑郁评分
睡眠时间			
6 小时以下	11（18.7）	48.41 ± 17.88	57.95 ± 12.01
6～8 小时	34（57.6）	46.10 ± 10.49	52.13 ± 11.51
8 小时及以上	14（23.7）	45.45 ± 9.32	51.61 ± 13.62
是否觉得工作量太大			
是	45（76.3）	48.47 ± 11.84	55.86 ± 10.65
否	14（23.7）	39.64 ± 8.87	44.20 ± 12.72
是否觉得工作环境危险			
是	49（83.1）	46.79 ± 12.13	53.65 ± 11.75
否	10（16.9）	44.38 ± 10.04	50.38 ± 14.28
是否觉得工作 指令不清晰			
是	17（28.8）	49.19 ± 15.77	55.15 ± 11.20
否	42（71.2）	45.24 ± 9.70	52.26 ± 12.53
家庭生活是否受影响			
是	39（66.1）	48.75 ± 12.13	56.09 ± 10.87
否	20（33.9）	41.75 ± 9.69	47.25 ± 12.62
身心健康状态评价			
好	17（28.8）	41.10 ± 6.80	47.65 ± 13.66
一般	40（67.8）	48.16 ± 12.88	55.13 ± 11.11
差	2（3.4）	55.63 ± 6.19	58.75 ± 3.54
是否得到家人充分支持			
是	54（91.5）	48.75 ± 12.05	52.48 ± 12.12
否	5（8.5）	46.16 ± 11.82	59.75 ± 11.44
是否得到同事充分支持			
是	41（69.5）	47.99 ± 14.58	52.59 ± 12.55

续表

变量	人数／人 （占比／%）	焦虑评分	抑郁评分
否	18（30.5）	45.67 ± 10.42	54.24 ± 11.42
是否得到单位充分支持			
是	43（72.9）	51.09 ± 13.68	51.74 ± 12.35
否	16（27.1）	44.62 ± 10.61	56.72 ± 11.12
是否得到社会群 众充分支持			
是	27（45.8）	47.38 ± 12.55	52.08 ± 12.73
否	32（54.2）	45.19 ± 11.76	53.95 ± 11.75

2. 焦虑评分和抑郁评分的单因素分析

焦虑评分单因素分析结果显示，职业、从事目前职业年限、工作量、家庭生活影响差异有统计学意义；抑郁评分单因素分析结果显示，婚姻状况、职业、工作量、家庭生活影响差异有统计学意义（表2）。

表2　疫情防控一线医务人员焦虑评分和抑郁评分的单因素分析

变量	焦虑评分		抑郁评分	
	χ^2	R	χ^2	R
职业	7.612	0.022	6.916	0.026
婚姻状况	—	—	4.941	0.026
从事目前职业年限	6.994	0.030	—	—
工作量	4.153	0.042	8.124	0.004
家庭生活影响	3.867	0.049	5.619	0.018

3. 焦虑和抑郁的多因素分析

将单因素分析中差异有统计学意义的变量对焦虑情况（1= 评分 ≤ 50 分；2= 评分 >50 分，以 1 为参照）进行 Logistic 回归分析，结果显示，职业为护士的医务人员出现焦虑症状的概率更高。医务人员抑郁情况（1= 评分 ≤ 53 分；2= 评分 >53 分，以 1 为参照）Logistic 回归分析结果显示，已婚、工作量太大、家庭生活受影响的医务人员更容易出现抑郁症状（表 3）。

表 3　疫情防控一线医务人员焦虑评分和抑郁评分的多因素分析

变量	焦虑症状				抑郁症状			
	β 值	OR 值	95%CI	P 值	β 值	OR 值	95%CI	P 值
常量	−0.490	0.612	—	0.795	1.744	5.468	—	0.472
职业 = 护士	0.953	2.593	（0.964,6.975）	0.039	—	—	—	—
婚姻状况 = 已婚	—	—	—	—	1.709	5.523	（1.134,26.887）	0.034
工作量太大 = 是	—	—	—	—	1.735	5.670	（1.069,30.090）	0.042
家庭生活受影响 = 是	—	—	—	—	1.849	6.355	（1.323,30.518）	0.021

注：焦虑以评分小于 50 分为参照，抑郁以评分小于 53 分为参照；β 值为变量的偏回归系数（如"职业为护士"的 β 值为 0.953>0，则表示在其他自变量固定不变的情况下，"职业为护士"对"有焦虑症状"具有正影响）；OR 值为优势比，即事件发生与不发生的概率之比（如"职业为护士"的 OR 值为 2.593>1，则表示在其他自变量固定不变的情况下，"职业为护士"更易发生"有焦虑症状"）；P 值 ≤ 0.05 表示自变量差异有统计学意义，是选入变量的标准。

（二）访谈结果

抽取被调查医务人员 10 名进行访谈，其中医生 4 名、护士 4 名、医技人员 2 名。访谈结果如下。

1. 抗疫形势认知

通过访谈了解到，目前，医务人员对新型冠状病毒的病原学特点、传播途径、防护原则及对所在防控岗位要求的诊疗流程、操作规范等都有较好的了解和掌握，掌握这些知识的途径主要有医院组织学习、岗前培训、自媒体网络平台学习及前期工作经验等，尤其是前几批参与抗疫的医务人员对具体工作流程、物品摆放等进行了详细梳理总结，为后面批次的医务人员打好了基础。医务人员对目前新冠肺炎疫情形势的看法较为乐观，多数表示新冠肺炎疫情已得到有效控制，有信心取得最后的胜利。

2. 职业防护心态

据访谈对象介绍，隔离工作区域要求执行二级以上防护标准，具体防护措施包括常规手术衣、专用鞋、一次性防护服、口罩、帽子、护目镜、双层手套、双层鞋套等，穿戴防护设备易使感观受限，如戴口罩产生憋气感、护目镜容易起雾影响视物、鞋套打湿容易滑倒等。由于防护服不透气，夏季持续工作数小时，全身会被汗水浸透，导致中暑等。为了减少防护服穿脱和消毒次数，要尽量少上厕所，工作期间不敢喝水，易导致身体脱水，由此导致烦闷和焦躁。

3. 医学隔离情绪

发热门诊和隔离病区的一线医务人员在工作结束后要进行 14 天的医学观察。访谈中，不少医务人员表示在医学隔离期间容易出现负性情绪。有医务人员道："医学隔离的前两三天感到轻松愉快，身心都得到了很好的休息和放松，但当一个人独居时间持续过长，就容易感到无聊和孤独。"医务人员在医学隔离期间，一般通过锻炼、看书、与朋友和家人视频等方法进行自我调节。

4. 工作压力感知

接受访谈的医务人员表示，相比于新冠肺炎疫情暴发初期和开学复学时期，工作压力已缓解很多，但由于国外新冠肺炎疫情形势仍较严峻，境外航班筛查患者通常集中就诊，并且需要快速登记上报患者信息，因此会带来短期的诊疗工作压力。另外，由于无症状感染者也具有传染力，会担心潜在新型冠状病毒感染者在医院流动导致交叉感染。

5. 家庭生活影响

通过访谈发现，参与疫情防控给相应医务人员家庭生活带来了一定程度的影响，如"个人规划被打乱或搁置""自新冠肺炎疫情暴发以来一直在工作岗位，家在郊县，所以从春节起一直都没能回家""因疫情防控工作基本占用了自己的全部时间，只能请年迈的父母照顾孩子生活起居，丈夫工作之余监督孩子学习，自己在工作中也难免产生对家人的思念和牵挂"等。

6. 社会支持评价

医务人员对疫情防控工作中的社会支持评价较高。一是家人，家人表示虽有担忧但能理解，会通过实际行动支持。二是单位，单位不仅在工作上给予鼓励和信任，而且在生活上进行关怀，增强了医务人员的工作动力，减少了医务人员的后顾之忧。三是社会各界纷纷为医院筹集捐赠紧缺防护物资、食物和生活用品等，解决一线医务人员的燃眉之急，带去了温暖。

7. 负性情绪应对

访谈中，大多数医务人员对自身心理健康比较关注，当感知到自己有负性情绪的时候，会通过娱乐、倾诉等转移注意力来缓解情绪，但由于工作太忙，缺少自我调适的空间与时间，也有医护人员表示"没有特别关注过心理方面的专业知识，此前也未用过心理测评工具了解自己的心理水平，填写此次问卷后才发现自己有中度抑郁症状"。

四、心理状态及影响因素分析

（一）疫情防控一线医务人员心理健康状态分析

1. 整体水平良好，优于预期

在问卷调查中，感觉自己心理健康状态好、一般、差的医务人员分别占 29%、68%、3%；焦虑总体评分为 46.38±11.76，平均值低于参考值（50分）；抑郁总体评分为 53.09±12.14，平均值略高于参考值（53 分），这反映出所调查的医务人员心理健康水平整体良好，优于预期。同时，访谈结果也表明，目前大部分医务人员未发现心理异常情况，仅有少数人有明显的心理不适。

2. 中度抑郁症状者占比高，需要注意

对医务人员的焦虑评分和抑郁评分进行结构分析发现：37% 的医务人员有焦虑症状，其中轻度焦虑的占 22%、中度焦虑的占 13%、重度焦虑的占 2%；61% 的医务人员有抑郁症状，其中轻度抑郁的占 29%、中度抑郁的占 30%、重度抑郁的占 2%。可见，医务人员的抑郁检出率明显高于焦虑检出率，同时，抑郁症状分级以中度占比最高。量表分值虽作为一项参考指标而非绝对标准，但对于疫情防控一线的医务人员中度抑郁高占比需予以重视。

（二）疫情防控一线医务人员心理影响因素分析

1. 积极因素分析

理性认知预防心理压力。自新冠肺炎疫情发生以来，一方面由于有关新型冠状病毒的研究不断有新突破，官方媒体及时粉碎谣言，减少了医务人员对病毒未知、误知导致的恐惧；另一方面，医院结合国家卫生健康委员会修订的诊疗方案不断完善院内诊疗流程，及时组织培训学习，使医

务人员对新型冠状病毒感染、传播和防控机制掌握得更为全面。疫情防控一线医务人员在理性认知病毒机制和职业风险情况下能有效预防心理压力产生。

良好社会支持强化职业认同。新冠肺炎疫情期间，国家采取临时工作补助、卫生防疫津贴、一次性增核绩效等方式保障医务人员工作待遇；实施职称申报绿色通道、抗疫表现列入评定指标、岗位聘用优先、评审服务优化等措施促进医务人员职称岗位晋升，这不仅是对疫情防控一线医务人员的物质激励，更是对其工作付出和职业价值的肯定。新冠肺炎疫情期间，国家政策保障、单位鼓励信任、家人理解支持、群众关爱帮助等良好的社会支持氛围能够降低疫情防控一线医务人员抑郁、焦虑等心理健康问题的发生。

医院人文关怀缓解后顾之忧。新冠肺炎疫情期间，医院对一线医务人员家属进行排班协调以解决双职工的家庭照顾问题；每批解除医学隔离观察的医务人员，由党委书记带队到现场送去慰问，表达组织的关怀；面向职工子女举办抗疫绘画展，让孩子们用自己的方式为在一线抗疫的父母加油、鼓气，增进了孩子对父母抗疫工作的理解和崇敬。医院通过开展多方面的人文关怀，帮助疫情防控一线医务人员解决生活顾虑。

2. 负面因素分析

职业防护产生感觉被剥夺引起身心应激。隔离工作区复杂烦琐的防护措施不仅给医护人员造成不良的身体反应，还使医务人员的视觉、动觉和触觉受限，使他们对于外部环境的感知发生较大的变化，并且带来操作和行动上的不便。此外，一线医务人员医学观察期间单人隔离居住，不能回家正常起居，导致一定程度的人际社交孤立，形成了感觉剥夺的类似环境。感觉剥夺会引起人类大脑神经结构发生变化，导致心理压力的产生，在得不到缓解和恢复的情况下容易引发烦躁、焦虑、抑郁等不健康心理问题。

非常态工作环境与模式带来心理压力。一是新型冠状病毒的高度传染性使疫情防控一线医务人员面临着较高的职业暴露风险，这对医务人员的防护技术、患者管理和心理素质都提出了更高要求。二是工作节奏紧、工作量集中、临时指令多。工作节奏紧体现在排班采取轮流制和交替制上，上班时间较长，班次间隔时间短；工作量集中体现在新冠肺炎疫情暴发时期、开学复学时期及境外疫情输入时期；临时指令多则是因为新冠肺炎疫情形势多变使诊疗方案不断调整，隔离救治工作涉及多部门联合防控且在时效性上高要求所致。非常态化的工作环境和工作模式容易使医务人员陷入不良情绪。

家庭角色和责任缺位产生心理负担。由于新冠肺炎疫情发生突然且持续时间较长，疫情防控一线医务人员的家庭生活节奏被打乱。因长时间守在工作岗位，不能兼顾家庭职责，影响夫妻和睦和子女教育。尤其对于已婚且有子女的女性医务人员，因其在家庭中往往承担着重要职能，加上女性特有的生理因素，在缺乏沟通的情况下容易产生心理负担。

负性情绪缺乏系统干预导致心理危机。医务人员对于负性情绪虽具备一定自我应对意识，但由于缺乏相关专业知识，所以难以识别潜在心理不良倾向，尤其是很多轻中度心理疾病患者通常不会表现出过多不正常或表现出心理状态好坏参半，其隐藏心理障碍容易被忽略。同时，由于未采取专业的、系统的干预措施，心理障碍的慢性演变容易形成心理疾病，进而带来更严重的心理问题。

五、心理干预的对策建议

（一）基于政策支持的干预对策：细化措施、强化落实，切实保障一线医务人员利益

对于国家有关部门出台的保护关心爱护一线医务人员的系列政策措

施，地方要认真贯彻文件精神并落实具体责任，加强部门间协调配合，对执行过程进行督促监管，确保政策措施落到实处。另外，在新冠肺炎疫情期间，国家对疫情防控一线医务人员的范围界定涉及国家财政支付压力与群体利益分配不均的矛盾，如何避免粗标准下的浑水摸鱼，又不引起细化标准后的缩水误伤，这是一个新题和难题。地方政府应兼顾经济效益与社会效益，坚持问题导向与结果导向，结合本地实际抗疫情况，针对疫情防控中与国家标准中提到的一线医务人员同岗位的医护人员，按照"实事求是、严格审核、公正公开"原则，给予合理的工作补助和职称评聘倾斜，以切实保障疫情防控一线医务人员的工作利益。

（二）基于医护管理的干预对策：专业支持、心理关怀，改善一线医务人员工作环境

1. 继续加强岗前培训和人文关怀，不断优化工作模式，改善医务人员工作环境

医院继续强化疫情防控一线医务人员岗前培训，在现有基础上加入压力情绪管理相关内容，提醒他们劳逸结合，保证其饮食睡眠，传授减压技术，帮助他们调节不良情绪。同时结合实际情况，优化疫情防控一线医务人员工作模式，采取新老搭配优化组合每班次人员，尽量缩短每班次工作时间，保证每人两班次之间有足够休息时间，以促进医务人员体力恢复和缓解防护用具造成的身体不适。

由于重庆市渝北区人民医院面临"疫情防控与诊疗恢复并重"的挑战，又值"新院搬迁运营起步""等级创建任务攻坚"的特殊时期，管理者在统筹过程中要考虑各科室任务多重性与人员紧缺性带来的工作矛盾与压力，及时补充医疗卫生人力资源，合理进行人员绩效分配和工作安排，创造和谐工作氛围，减轻医务人员工作和心理负担。尊重、关怀、慰问一线医务人员，肯定其工作价值，落实工作保障，调动其参与疫情防控一线

工作积极性。允许医务人员出现负性情绪，定期了解疫情防控一线需求和困难，积极协调解决。

2. 建设系统、专业、长效心理干预机制，有效促进医务人员心理健康

医院应重视医务人员心理健康，建设系统、专业、长效的心理干预机制，采取线上线下结合方式向医务人员提供全方位、多层次心理健康服务。具体措施建议：通过互联网平台和心理健康自助终端提供丰富的心理学知识、心理问题解决方案、心理学专业测评、心理咨询预约等线上服务；医院工会下设"职工心灵驿站"，选择合适场地为职工搭建一个解压的空间，可以设置心理测评室、心理咨询室、放松室、活动宣泄室等，准备相应器材，如心理沙盘、音乐放松椅等；邀请专业水平较高且个案经验丰富的心理咨询师、心理治疗师、心理学专家等建立与医院的长期合作，为有心理干预需求的医护职工搭建心理援助绿色通道。

（三）基于医护主体的干预对策：正确认识、自我监测、积极调适，主动寻求专业援助

每名医务人员都是自我调适的主体。对个人而言，首先，掌握自我监测方法。主动学习了解心理障碍的表现特征和影响因素，从而对自身情绪和行为有更好的觉察和识别，科学认识、理性对待出现的情绪状态异常，要予以重视，但不过度忧虑。其次，形成自我调适常态。要积极进行自我调适，注重饮食睡眠，坚持体育锻炼，通过兴趣爱好找到放松的方式，保持与家人朋友的联系，加强不良情绪的宣泄。最后，主动寻求外援疏解。要主动表明遇到的困难和需求，积极寻求帮助，尤其对于有经常性心理不良状态的医务人员，要主动寻求专业援助，由心理或精神领域的专业人员进行心理干预治疗，有效化解心理危机。

参考文献

［1］申微，秦月兰，陶美伊，等.湖南省新型冠状病毒肺炎疫情防控一线医务人员心理健康水平调查［J］.全科护理，2020，18（8）：957-962.

［2］KANG L, LI Y, HU S, et al. The mental health of medical workers in Wuhan, China dealing with the 2019 Novel Coronavirus［J］. Lancet Psychiatry, 2020, 7（3）：e14.

［3］鲁为凤，曹雪琴，黄晓会，等.新型冠状病毒肺炎防控期间发热门诊一线护士的心理状态调查及应对措施［J］.实用医院临床杂志，2020，17（2）：41-44.

［4］江开达，郝伟，于欣.精神病学［M］.7版.北京：人民卫生出版社，2013：113-131.

［5］孙良.医科大学生焦虑、抑郁及相关因素的1年纵向研究［D］.合肥：安徽医科大学，2013.

［6］张索远，高岚，杨兴洁，等.医学生新型冠状病毒暴露与抑郁焦虑及社会支持的关系［J］.中国学校卫生，2020，41（5）：657-660.

［7］XIAO H, ZHANG Y, KONG D, et al. The effects of social support on sleep quality of medical staff treating patients with coronavirus disease 2019（COVID-19）in January and February 2020 in China［J］. Med Sci Monit, 2020, 26：e923549-1-e923549-8. DOI：10.12659/MSM.923549.

［8］周殷华，张欣，方婵，等.感觉剥夺视域下新型冠状病毒肺炎防控中医护人员心理应激反应研究［J］.中国医学伦理学，2020，33（3）：273-278.

［9］中华医学会行为医学分会.疫情防控一线医务人员身心疲惫的预防干预专家共识［EB/OL］.（2020-03-17）［2020-06-30］. https://www.cma.org.cn/art/2020/3/17/art_2928_33681.html.

深化改革视阈下基层科协组织
更好地服务乡村振兴的几点思考

国防科技大学信息通信学院　于　潇

摘要： 2020 年 5 月 29 日，第四个"全国科技工作者日"来临前，习近平总书记在给科技工作者代表的回信中指出："为把我国建设成为世界科技强国作出新的更大的贡献。"习近平总书记的重要指示赋予了"科技为民、奋斗有我"这一主题更加深刻的内涵。这既是对我国科学技术总体高水平、高质量发展的充分肯定，也是对我国科技工作者、科协组织的巨大勉励，同时是对科协系统深化改革提出的新的、更高的要求。在科协系统发展总体向好的局面下，我们也应注意到，在我国广大乡村地区，特别是中西部乡村，科学技术总体水平还相对滞后，科学技术的普及仍存在不平衡、不充分等问题。在新时代乡村振兴和科协系统改革的现实背景下，针对县乡级基层科协组织，本文就如何应对新的发展形势、如何更好地发挥自身服务能力、如何更好地为乡村振兴战略提供科技支撑等问题，从理论层面进行了一些思考。

关键词： 基层科协组织；深化改革；乡村振兴；服务能力

2016 年 3 月 27 日，中共中央办公厅正式印发实施的《科协系统深化改革实施方案》既是立足我国基本国情和科协系统发展实际，坚定中国特色的社会主义群团组织发展道路，也是为了更好地履行新时期科协组织的基本职能，更加契合国家经济社会发展的需要。同年的"科技三会"中，习近平总书记深刻指出："科学研究既要追求知识和真理，也要服务于社会和民众。"作为改革中的重要组成部分的基层科协，在全系统改革工作已走向深水区的当前，"必须抓住机遇，迎接挑战，发挥优势，顺势而为，努力开创农业农村发展新局面"，不断创新发展思路，让农业更强、农村更美、农民更富，让社会主义的科学技术发展成果惠及广大乡村群众，在乡村振兴进程中强化科技支撑作用。

一、深化改革为基层科协组织发展带来了新形势

《科协系统深化改革实施方案》中指出："推动科协组织向农村延伸，鼓励支持乡镇依托农技站建立乡镇科普协会，促进农村专业技术协会转型升级，为农民提供精准的科技推广和科普服务。"作为推动乡村科技事业发展的重要力量，基层科协组织是党和政府同基层一线科技工作者和基层群众紧密连接的纽带和桥梁。在以我国全面建成小康社会决胜阶段为背景的乡村振兴现实要求下，特别是遭遇新冠肺炎疫情的突发和疫情防控战阶段性胜利的特殊时间节点上，基层科协组织要在升级服务方面转型发展，更好地发挥自身职能，势必要直面更加复杂多变的新形势。

（一）新形势下基层科协组织需要肩负起被赋予的新使命

深化改革为基层科协组织各项事业更好的发展提供了不竭动力。面对新形势，基层科协组织不但需要切实增强政治担当和责任意识，不断与时俱进、创新机制，勇于自我净化、自我革新，坚持以问题导向为干事创业基本方针，以强化各项改革措施为根本着力点；还需要把目光聚焦在基层群众最需要、科技发展最薄弱的地方，将自身工作重心根植于乡村，将先进生产力和先进文化等领域的创新成果推广到群众中去，将创新体系重要组成部分的作用发挥出来，扩大基层科协组织的覆盖面，切实助力乡村振兴。

乡村振兴战略的实施是针对我国农业农村短腿、短板的问题作出的战略安排。乡村的振兴不仅是经济的振兴，而且是民生的振兴、社会的振兴、生态文明的振兴及农民整体素质的提升，要系统认识，才能准确把握。在建立健全城乡融合发展、以工业反哺农业的体制机制和政策体系的战略布局下，科技推广和科学普及的引领是其中重要一环。就乡村层面来看，不断促进整体高质量发展，满足广大群众日益增长的物质、精神需求；以科技发展加快推进农业农村现代化发展，更好地让广大农村群众切实享受到科技创新带来的红利，是广大基层科协组织和科技工作者肩负的使命。

（二）新形势下基层科协需要解决好自身存在的新问题

1. 组织力量薄弱，经费投入不足

新形势下，虽然科协系统深化改革不断向纵深发展，但基层科协组织在人力、财力等各方面均未得到广泛支持。从人员数量和结构上来看，县级科协机关建设不平衡，存在干部队伍年龄老化、交流少、职工素质参差不齐等问题，正式编制人员和专业人才缺口较大；乡村一级少有正式编制人员，乡村级科技站所多为临时人员或由其他部门人员兼职。从财政经费支持上来看，无论是上级组织还是本级党政机关，经费支持和补贴均较少，在活动项目的开展中缺乏充足的资金支持。人力、财力、物力的短缺严重制约了基层科协组织的工作开展，全方位的服务和助力乡村振兴就更无从谈起了。

2. 组织体系内外联动性不够

从外部横向看，作为群团组织组成部分的基层科协组织，因其自身职能和历史因素，无论是同组织、宣传等党内机关，还是同财政、发展改革、自然资源、住建、文化、教育、卫生部门，在协同合作上比较欠缺。从内部纵向看，一是系统性的底层设计仍欠缺，深化改革过程中，基层科

协组织需要建立健全组织协调工作机制，保证各项规章制度运行畅通，特别是在对接乡镇、村（社区）时，注重各项工作的有序性、贯通性、连续性和长效性开展，避免出现"推一推，动一动""让干什么，就干什么"的"等靠要"思想。二是对学会和协会缺乏有效约束力，存在学会和协会与挂靠单位脱钩而自身运行发展状况堪忧，且各个学会和协会有较大独立性，各行其是，在对待工作和问题上容易出现分歧和矛盾，一定程度上对工作开展产生了阻碍。

3. 干部队伍专业素养不强

县乡两级科协组织主要负责人和相关负责人多为"半路出家"。这些领导干部上任就职前很少有科技工作相关经验，也没有经过专业性的业务知识和技能培训。日常工作中，因疲于应付临时性、迎检性工作，缺乏专业理论学习和深入研究，造成其不具备为乡村振兴提供各项科技保障和支撑的能力，也造成基层科协组织创新性、开拓性科技服务匮乏。

同时，基层科协工作者还存在着兼职多、流动快、不稳定等特征，大多数乡村两级基层科协工作者没有专设岗位和专项经费等保障，他们往往身兼数职，在科协工作中，缺少足够的专业知识支撑和精力投入，工作中缺乏主动性和责任心，其能力素质难以适应新形势下更好地服务乡村振兴的工作需要。

二、加强自身建设是基层科协组织服务乡村振兴的内在要求

打铁还需自身硬。作为党的事业的重要组成部分，科协组织是党组织动员广大科技工作者和人民群众做好中心工作的重要法宝。科协工作是协助党治国理政的一项经常性、基础性工作。在全系统深入改革的新形势下，科协工作只能加强不能削弱，只能改进提高不能停滞不前。

（一）不断提升基层科协组织政治引领力

坚定正确的政治方向是干好一切工作的根本。基层科协组织和科协工作者必须始终以习近平新时代中国特色社会主义思想武装头脑、指导实践，毫不动摇地坚持党对科协工作的统一领导，坚决贯彻党的意志和主张，严守政治纪律和政治规矩，增强"四个意识"，坚定"四个自信"，做到"两个维护"。积极发挥群团组织作用，团结带领广大基层科技工作者以科协工作的新作为、新业绩、新成效共同书写科协事业科学发展的新篇章。

发挥好桥梁和纽带作用，在把广大科技工作者紧密团结在党的周围的同时，不断深入基层群众。在做好科技推广和科学普及工作的同时，注意做好群众的思想政治工作，把党的各项政策带到田间地头，带入每家每户，引导基层群众认真听党话，紧紧跟党走。

（二）努力加强基层科协组织向心力

1. 争取上级部门和本级党委政府政策资金支持

基层科协组织要在工作中主动作为、努力创新，找准突破口，深入挖掘自身工作亮点，干出实绩，注重宣传，不断加大领导重视程度，进而积极向上级部门和本级党委政府争取政策、经费、人才等支持，营造更加良好的工作局面和工作环境，为做好服务乡村振兴及各项工作打下坚实基础。

2. 加强基层建设，提升服务能力

一是推动基层学会和协会深化改革。督促基层科协组织建立健全组织、人事、财务、档案、监督等各项日常管理制度，推进负责人做好选举换届工作，促使其领导机构有效履职，各项工作正常开展。不断加强思想引导，提高学会和协会的凝聚力，注意倾听、收集基层科协组织工作人员诉求，切实维护科技工作者的合法权益。二是针对乡村级科协组织（农技组），因地制宜制订切实可行的顶层设计和执行方案，进一步厘清工作思路和工作内容，明确工作职责任务。注重基层资源整合、资源共享，提高乡村级科协组织办事机构专职人员比例，建立科技工作专职网格员制度，按照财政实际情况进行经费补助，逐步实现工作人员队伍职业化、专业化，不断增强工作人员责任心、主动性，真正让科协组织扎根基层、服务基层。

（三）切实增强科技人才队伍"战斗力"

1.通过不断"输血"，增强基层科技人才队伍活力

一是积极与本地党委政府沟通，引进高端人才，升级本土发展理念、引导地方产业升级，探索出一条全方位、高效能、生态型的产业经济机构体系和科技产业链，引领乡村振兴发展全面开花。二是通过宣传引导等方式吸引、吸纳各行各业技术专家和优秀人才，构建专业化科普志愿者队伍，定时或不定时地组织志愿者开展科学技术普及活动，提高乡村群众科学素养。三是可联系协调教育、卫生、民政等相关部门，整合资源，贴近群众，采取分年龄、分类别开展科学普及，特别是在新冠肺炎疫情这一特殊时期，卫生健康知识的宣传普及就显得尤为重要。

2.通过自身"造血"，提升基层科技人才队伍能力

一是坚持每年定期组织培训学习，聘请行业内外的专家学者对基层科协工作者进行专业培训，并结合培训内容进行考核，确保培训效果。二是要拓展科协干部培养交流渠道，根据科协系统改革的总体要求，不断健全完善基层科协干部选拔任用制度，在科协干部的培养上注重多方式培养、多途径历练，增强人才之间的交流学习，让基层科协组织人才从多种站位、多个角度认识基层科协工作，培养科协工作的"全能型"人才。

三、创新方式方法，助力乡村振兴发展

乡村振兴是坚持乡村全面振兴的新模式，而非旧有的单纯追求经济增

长的发展模式。在科协系统改革的东风下，基层科协组织要迎风而上、顺势而为，改善原本工作方式方法，找准服务乡村振兴新出路，做到让乡村群众既"富口袋"又"富脑袋"，实现乡村全面发展。这就要求基层科协组织在注重"坚持因地制宜、循序渐进"的同时，不断创新工作方式方法，在乡村振兴实施过程中积极注入科协力量。

（一）创新资源整合工作方式方法，服务乡村产业振兴

1. 发掘本地区特色产业，带动经济发展

"乡村振兴，产业兴旺是重点"。充分发挥基层科协组织积极性，找准本地区产业特色，培育、创建本地特色产业品牌，利用品牌优势形成辐射带动作用，以点带面，促进区域间、行业间不断融合发展，引发联动效应，形成新型产业链经济发展模式，带动交通运输、文化旅游、医疗等产业蓬勃发展。

2. 会聚优秀技术资源，拓展乡村产业科技交流渠道

以特色产业为圆心，大力发展智慧农业、体验农业、农村电商等新型产业。基层科协组织要加大科技成本投入，建立科技信息服务平台，畅通上下联通渠道，让高科技产品"下得来"，让本地特色产品"上得去"，让乡村群众足不出户就能获得高新技术福利。

3. 结合地区实际，加强与农业院校交流合作，探索建立基层产业技术推广普及制度

积极联系农业院校并签订协议，让一部分毕业生的毕业实习由实验室转向田间地头，让学生把课堂理论知识应用于田间实践，既使他们得到了锻炼，又提高了农业技术推广人员群体的业务素质和工作效率。为学生走向工作岗位奠定了基础，也高效服务了乡村产业的振兴。

4. 探索新兴科技化的"自媒体 + 特色产业"模式

在发展"互联网 +"特色产业的基础上，结合当下新形势，基层科协组织可联合属地相关职能部门共同探索新兴科技化的"自媒体 + 特色产

业"模式,"加强村级电商服务站点建设,推动农产品进城、工业品下乡双向流通。"积极运用自媒体平台等,培养、引进知名自媒体创作者,通过网络视频直播等宣传地区特色产业和特色产品,增加多样化产业收入模式,服务乡村产业振兴。

(二)创新科学普及工作方式方法,服务乡村文化振兴

"科技创新、科学普及是实现创新发展的两翼,要把科学普及放在与科技创新同等重要的位置。"

1.丰富基层科普形式

结合本地实际,因地制宜,科学规划,在原有的科技讲座、歌舞戏曲、相声快板、科技影视展览等乡村群众喜闻乐见的宣传形式基层上,组织各学会(协会)参与科技活动周、全国科普日、科普志愿者服务月、科技文化卫生"三下乡"等活动,用好用活科普大篷车、移动科技站,创新科普形式,适度增加本地特色的高质量科技宣传内容,既拉近了高新科技与乡村群众之间的距离,又让乡村群众易于接受、掌握、运用,推动乡村基层形成讲科学、爱科学、学科学、用科学的良好社会风尚。

2.强化基层科普阵地建设

科学普及是科技工作的一项重要内容。基层科协组织可以围绕科技创新、农技推广、农民"双创"、常识普及等方面内容,积极引导优质科技资源向乡村基层汇聚。不断完善基层科普工作站点建设,开展多种类型的科普活动,改善乡村科学文化氛围,优化乡村群众精神风貌。

(三)创新人才培育工作方式方法,服务乡村人才振兴

1.新形势下,人才的培养培育是乡村振兴战略不可或缺的重要方面,离开了科学技术人才,乡村振兴的实施就无从谈起

基层科协组织各项服务工作的高效深入开展,需要培养、组建一支集

科协治理纵横谈

乡村产业、文化、生态建设等类别的人才队伍，积极引导各种技术类型的
人才充实到乡村振兴的建设上来，深入推动乡村群众创业致富，带动乡村
群众移风易俗、提高文明素养，继承发扬传统技艺，改善总体生态环境，
助推乡村振兴的发展。

2. 聚焦乡村群众科技人才培育

基层科协组织要充分利用好各类渠道，将资源引入基层乡村，建立健
全乡村科技人才培育新机制，制订科学高效的培养方案和实施计划，培育
出有理想、有斗志、有能力、有担当的新型乡村群众。建立乡村科技人才
选拔任用机制，使学有所成的各类乡村科技人才的能力得到有效发挥，为
当地群众增加就业机会，使其积极投身家园建设。这样既能在短时期内有
效解决新冠肺炎疫情期间劳动力事业滞留带来的各种问题，又能长时期解
决大量青壮年劳动力离乡务工带来的"空巢"等问题。

实施乡村振兴战略是决胜全面建成小康社会、全面建设中国特色社会
主义现代化国家的重大历史任务。在科协系统改革形势下的基层科协组织
只有深刻转变自身职能、提高自身服务能力，才能在乡村振兴中有效发挥
好自身的科技引领、支撑和助推作用。广大基层科技工作者要清晰认识深
化改革的新形势下自身担负的责任和使命，积极贡献力量，投入乡村振兴
服务工作，谱写科技工作者的光辉新篇章。

参考文献

［1］岑剑.科学技术协会助力乡村振兴路径研究［J］.黔南民族师范学院
学报，2019，39（1），105-110.

服务国家治理

为奋斗"十四五"汇聚强大科技力量

重庆市科学技术协会党组书记、常务副主席　王合清

党的十九届五中全会提出，坚持创新在我国现代化建设全局中的核心地位，把科技自立自强作为国家发展的战略支撑。这充分体现了以习近平同志为核心的党中央高度重视科技创新的战略眼光和战略定力，标志着党对坚持走中国特色自主创新道路的思想自觉和行动自觉达到一个新的高度，为建设创新型国家和世界科技强国指明了前进方向。

科协作为党领导下团结联系广大科技工作者的人民团体，一定要认真学习宣传贯彻十九届五中全会精神，全面总结评估"十三五"时期改革发展情况，在"十四五"期间用好全面深化改革"关键一招"，全力打造中国地方科协综合改革示范区，为奋斗"十四五"、奋进新征程汇聚强大的科技力量。

一、在优化政治引领机制上深化拓展

科协组织因党而生、为党而兴，政治性是第一属性、是灵魂。"十三五"时期，重庆市科协坚持政治组织这个根本定位，认真履行政治职责，充分发挥政治作用，有力推动科技界不断增强"四个意识"、坚定"四个自信"、做到"两个维护"。把科技社团党建作为突破点，强化科协党组工作，加强党的全面领导，通过成立科技社团党委、特设党支部、示范联合体和派驻党建督导团解决了学会党建虚化、弱化的问题。把协同办科协党校作为创新点，重庆市科协党校加挂市级机关党校科协分校牌子，

与重庆市直机关工委、重庆市委党校等加强办学合作，既抓科技工作者学政治，又抓党政干部学科技，探索科协系统党校办学新模式。以统筹抓政治引领、价值引领为着力点，每年围绕一个主题开展面向基层大宣讲，先后开展党的十九大精神和习近平新时代中国特色社会主义思想宣讲、"讲信仰、讲信念、讲信心"宣讲和"四史"宣讲；组织"共和国的脊梁"科学大师名校宣传工程汇演、优秀科学家风采展、重庆英才讲坛等活动，擎起新时代科学家精神火炬。

步入"十四五"，重庆市科协将着力破解政治引领精准度不够高、实效性不够强的问题，进一步优化政治引领机制，建立科协宣讲团，创新宣传教育内容、方法、手段、载体，积极推动科技社团党建"破题"，实现政治引领常态化、长效化，打造以理服人的学术共同体、以德服人的价值共同体，引导科技工作者增进对党的基本理论、基本路线、基本方略的政治认同、思想认同、情感认同，更加有方向、有信心、有力量地听党话、跟党走，建功新时代。

二、在完善团结联系机制上深化拓展

科协组织的首要责任是为科技工作者服务，发挥党和政府联系科技工作者的桥梁纽带作用。"十三五"时期，重庆市科协坚持党建带科建，党组织建到哪里，科协组织和科协工作就跟进到哪里，构建起纵横交错、条块结合的组织体系。提升科协领导层代表力，挂（兼）职副主席、科协常委多数为高校、科研院所主要负责人，起到"抓住关键人、带动一大片"的效果。提升学会组织影响力，新成立重庆市女科技工作者协会、重庆市青年科技领军人才协会，区（县）老科学技术工作者协会实现全覆盖，主管指导的市级学会吸纳力和动员力明显增强。提升基层科协组织力，成立企事业科协 812 个、基层农技协 1137 个、科技类民办非企业单位 12 个，乡镇（街道）科协实现全覆盖，"三长"兼职副主席 3100 名，一线科技工作者

"串珠成链"。提升网上科协服务力，建设视频会议系统，推动科协网提档升级，提高科技工作者网上工作本领。狠抓创新争先行动，实施院士带培计划，增设重庆市创新争先奖，青少年科技创新市长奖评选范围从中小学生扩大到45岁以下职业青年，科技工作者的创新争先热情被充分激发。

步入"十四五"，重庆市科协将着力破解对科技工作者底数不清、科技队伍创新活力不强的问题，进一步完善团结联系机制，健全线上线下广泛联系科技工作者的服务网络，实施科协组织力提升行动，深入推动科协组织，特别是科技社团、科技类民办非企业单位治理改革，既团结引导好一流科技领军人才和创新团队，又服务管理好以"三长"为重点的基层一线科技人才，真正把科协建成科技工作者的温馨家园。

三、在创新融入融合机制上深化拓展

为创新驱动发展服务，重点在融入、难点在融合。"十三五"时期，重庆市科协坚持把"自转"融入"公转"，把科协工作融入大局、全局统筹谋划，团结引领广大科技工作者积极投身科技创新和经济建设主战场。服务大战略，聚焦成渝地区双城经济圈建设，加强与四川省科协、中国科学院成都分院合作；聚焦脱贫攻坚和乡村振兴，实施科技助力精准扶贫"六个一"工程和助力乡村振兴"村会合作"项目。举办大型活动，聚焦实施以大数据智能化为引领的创新驱动发展战略行动计划，连续3年承办智博会数字经济百人会，牵头筹办2019重庆英才大会，引入中国云计算和物联网大会永久落户重庆，每年举办重庆市科协年会、高校科技资源精准对接等一批富有实效的活动。搭建大平台，依托"科创中国"，抓好永川区"科创中国"创新枢纽城市建设和12个区（县）试点工作，建好海外人才离岸创新创业基地、院士工作站、海智工作站，推动科技需求和供给有效对接。

步入"十四五"，重庆市科协将着力破解社会创新合作网络缺失、融入经济社会发展不深的问题，进一步创新融入融合机制，坚持"顶天立地"，推动"科创中国"在重庆市大放异彩，在办好智博会、重庆英才大会相关活动的基础上，策划举办世界区域创新论坛，与四川省科协共建"巴蜀科技云服务平台"，搭建"政产学研金服用"资源要素融通创新大平台，加速国际国内创新资源导入，助力构建新发展格局。

四、在健全科普惠民机制上深化拓展

公民具备科学素质的比例不高是制约重庆市高质量发展的一大问题。"十三五"时期，重庆市科协抓考核导向，积极推动将全民科学素质工作纳入科教兴市和人才强市行动，纳入重庆市人大常委会执法检查，纳入对区（县）党政实绩考核指标，各区（县）对此的重视程度前所未有。抓工作闭环，提供"公民科学素质系列读本"，举办公民科学素质大赛，开展公民科学素质年度调查和发布，形成了"以书促学、以学促赛、以赛促评"的工作闭环。抓阵地建设，重庆市政府大力推动区（县）科技馆建设，重庆市科协购置2000多台科普文化信息终端，打造了一批社区科协样板间和社区科普大学示范教学点。抓共建共享，在新时代文明实践"六讲"志愿服务中，科协组织牵头开展的"讲科技"活动有声有色；创建疫情防控应急科普工作体系，重庆市科协与重庆市应急管理局共建重庆市突发事件应急科普中心。通过努力，全市公民具备科学素质的比例从2015年的4.74%提升到2019年的9.02%，增速、增幅均处于全国前列。

步入"十四五"，重庆市科协将着力破解科普工作理念、手段、机制不相适应的问题，进一步健全科普惠民机制，推动科普职能从科技行政部门转移到科协，实现远郊区（县）科技馆全覆盖，建立科普设施互换共用机制，完善应急科普机制，推动"科普中国"在重庆落地生根，实现科普工作"铺天盖地"、科普文化"无处不在"，争取到2025年重庆市公民具备科学素质的比例超过 15%。

五、在激活决策服务机制上深化拓展

长期以来，省级以下科协的智库工作相对薄弱。"十三五"时期，重庆市科协把智库建设摆在重要位置，以建设中国科协创新战略研究院重庆分院为契机，坚持开门办智库、协同办智库，智库工作成为打造科协工作升级版的重要支点。完善智库体系，与有关部门和高校共建中国工程科技发展战略重庆研究院、重庆市创新文化研究中心等 5 个实体智库，构建"小中心、大外围"的智库体系。加强课题研究，报送决策咨询专报数量和省部级以上领导批示率均处于省级科协前列，连续 5 年被中国科协评为科技工作者状况调查"优秀区域责任部门"。打造品牌活动，连续举办四届科协改革论坛，公开出版发行论文集 4 种。

步入"十四五"，重庆市科协将着力破解智库选题靶向性不强和成果含金量不够高的问题，以中国科协、重庆市政府、重庆大学、四川大学共建城市化与区域创新极发展研究中心为牵引，组建学术带头人专家团队，提升《院士专家建议》质量，新办《创新评论》期刊，坚持举办科协改革论坛，加强学术会议成果提炼，提升高校科协、区（县）科协和市级学会决策咨询能力，打造"智汇中国"重庆样板。

新时代，科协组织如何保持和增强政治性、先进性、群众性，如何适应科技创新的新定位，如何为科学家和科技工作者坚持"四个面向"提供新服务，如何为推动高质量发展、构建新发展格局作出新贡献，如何在成渝地区双城经济圈建设中发挥新作用，是摆在重庆市科协面前的现实课题和时代使命。唯有把深化改革进行到底，才能把科协组织建设得更加充满活力、更加坚强有力，进而团结引领广大科技工作者坚定创新自信，不断向科学技术深处进军，在全面建设社会主义现代化国家的新征程中创造新的历史伟业。

加强新冠肺炎疫情家庭防控的调查及建议

重庆市科学技术协会调研组

新冠肺炎疫情期间，随着全市实行封闭式管理，家庭防控新冠肺炎疫情的重要性愈加凸显。重庆市科协于 2020 年 2 月 5—6 日通过网络调查问卷面向全市 8761 户家庭进行抽样调查，调查结果显示，重庆市家庭防控新冠肺炎疫情具有一定的物资、精神和思想准备，但也存在着防疫物资短缺、重点人群防护亟待加强、市民防控意识不强、部分市民心理状况差等问题，建议科学安排物资供应、高度关注重点人群、做好应急科普宣传、建立长效防控机制，全力加强重庆市新冠肺炎疫情家庭防控工作。

本次调查历时 2 天，共收到有效调查问卷 8761 份。其中，主城区家庭问卷 5534 份，占 63.17%；其他区（县）家庭问卷 2234 份，占 25.50%；其他区县场镇和农村地区问卷 993 份，占 11.33%。

一、家庭疫情防控具备一定基础和条件

（一）市民家庭备有一定物资

通过问卷调查发现，45.03% 的家庭人均有口罩 4 个以上，18.39% 的家庭人均有口罩超过 10 个；62.65% 的家庭有消毒液、医用酒精等消毒物资，6.43% 的家庭消毒物资较为充足；76.21% 的家庭有体温计，29.47% 的家庭有消毒柜等餐具消毒器具。

（二）市民家庭生活习惯总体良好

通过问卷调查发现，55.78% 的家庭做到了勤洗手、勤通风，88.64% 的家庭做到了食用的肉类和蛋类完全煮熟、煮透，57% 的家庭会定期对卫生间、厨房消毒，40.71% 的家庭有良好的作息规律。

（三）市民家庭防控意识逐渐增强

通过问卷调查发现，37.2% 的家庭很了解国家卫生健康委员会发布的《新型冠状病毒感染的肺炎防控公众预防指南汇编》中的内容，72.34% 的家庭调查期间近一周只有两天 1 人次及以下的人员外出，97.02% 的家庭调查期间近一周没有参加家庭、朋友聚会，99.18% 的家庭积极配合村（社区）封闭式管理。

（四）市民家庭心理状态总体良好

通过问卷调查发现，67.16% 的家庭表示其成员不存在烦躁、紧张、焦虑、消沉等不良情绪；56.73% 的家庭表示其成员不存在复工、上学畏惧、恐慌心理；70.17% 的家庭经常就防控舆情信息沟通、交流、鼓励；99.18% 的家庭对打赢疫情防控阻击战有信心，其中 76.38% 的家庭表示很有信心。

二、家庭疫情防控存在的问题和不足

（一）家庭防疫物资短缺

通过问卷调查发现，54.97% 的家庭人均有口罩 3 个及以下，13.75% 的家庭人均口罩不足 1 个；37.36% 的家庭没有消毒液、医用酒精等消毒物资，56.22% 的家庭只有少量消毒物资。据市民反映，全市绝大多数药房都挂出了"无口罩、消毒液、一次性手套"的牌子，什么时候能买到口罩、消毒液、一次性手套是近期市民最关心的问题。

（二）重点人群防护亟待加强

通过问卷调查发现，调查期间近一周，24.42%的家庭存在或偶尔存在老年人随意外出情况；93.57%的受访者认为老年人是疫情防控科普知识宣传的薄弱人群，36.88%的受访者表示未成年人是疫情防控科普知识宣传的薄弱人群。另据重庆市公交系统数据显示，仅2020年2月4日上午就有3.8万次65岁以上人员乘坐公共交通出行，占通过此方式出行人群总数的近32%；据基层干部反映，农村地区中青年人随意走动、聚集，且屡禁不止；据农业专家反映，应高度重视蔬菜基地农民工的口罩供应和疫情防控。

（三）市民疫情防控意识仍然不高

通过问卷调查发现，62.80%的受访者对《家庭新型冠状病毒感染的肺炎预防指南》只了解一点或完全不了解，47.70%的受访者表示自己了解疫情防控知识态度不够积极主动；44.22%的家庭的家庭成员没有完全做到勤洗手、勤通风；43%的家庭没有定期对卫生间、厨房消毒；36.79%的家庭将废弃口罩直接扔进家里的垃圾桶或公共垃圾桶；调查期间近一周，3.04%的家庭每天3人次以上人员外出，2.98%的家庭有成员参与家庭或朋友聚会，0.39%的家庭有成员参加2次以上聚会。受访者在对开放性问题"您对家庭防控新冠肺炎疫情还有哪些意见建议？"的回答中，出现频率最高的回答就是"加强宣传"。

（四）部分市民心理状况差

通过问卷调查发现，在对"您的家庭成员是否存在烦躁、紧张、焦虑、消沉等不良情绪"的回答中，2.19%的受访者选择"严重存在"，30.65%的受访者选择"存在"；在对"您的家庭成员是否存在复工、上学畏惧、恐慌心理"的回答中，5.65%的受访者选择"严重存在"，37.62%的受访者选择"存在"；4.30%的受访者表示家庭成员作息规律性差，54.98%的受访者表示家庭成员作息规律一般。这说明，新冠肺炎疫情严重影响了市民的心理健康。

三、加强家庭疫情防控工作的对策建议

（一）科学安排物资供应

一是引导市民科学储备物资。制定并发布《市民家庭防控新型冠状病毒感染的肺炎疫情物资储备建议清单》，对防护物资、生活物资等的具体名目、储备数量、使用方法等进行明确，引导市民不囤货、不抢购、不恐慌。加强口罩、消毒剂、一次性手套、温度计等物资的生产、供应，加强一次性口罩合理使用、家庭自制口罩等知识宣传，缓解防护物资短缺状况。二是科学供应防护物资。按照无病例区、散发病例区、社区暴发区和局部流行区等的不同状况，老年人、中青年人、未成年人等不同年龄段人群出门办事的情况，以"保急需、保重点、守底线、不断供"为原则，确定防护物资供应顺序和不同人员限购数量，提高物资供应的精准度。广泛设置"废弃口罩专用"垃圾桶，引导市民投放，防止二次污染和疫情扩散。在全市推广荣昌中华奥城小区设置消毒通道的有效方法，对社区进出人员定点消毒，节约消毒物资。三是全力保障生活物资。加强生活物资调配和价格执法检查，守住市民的"菜篮子"。针对实行封闭式管理后快递、外卖等无法进入社区的情况，设有智能快件箱的小区应为配送人员打开方便之门，没有智能快件箱的小区要划定特定区域并做好安全管理和消毒工作，确保市民网络购物不受影响。

（二）高度关注重点人群

一是做好"菜篮子"供应人员疫情防控。加强口罩、消毒剂、一次性手套等防护物资供应，重点解决蔬菜生产基地农民工缺口罩的突出问题，切实保障蔬菜生产基地农民工、菜市场商贩、配送人员的人身安全和蔬菜供应。二是做好老年人疫情防控指导。加强老年人科普教育服务，帮助老年人增强疫情防控意识，消除其侥幸心理、保持健康生活方式、减少外出活动。三是加强未成年人看护。借鉴北京市教育委员会、北京市人力社会保障局印发的《关于因防控疫情推迟开学企业职工看护未成年子女期间工资待遇问题的通知》，允许机关、事业单位、企业等家庭有一名职工在家看护未成年子女，并被视作因为政府实施隔离措施或采取其他紧急措施导致不能提供正常劳动的情形，其间的工资待遇由职工所属单位按正常出勤发放。四是加强农村中青年人管控。各社区居委会、村委会联合派出所等单位进一步加大劝导和执法力度，严厉制止农村地区部分中青年人不戴口罩、随意走动、随处聚集等行为。五是丰富市民精神文化生活。精选一批弘扬中华传统文化的出版物，其数字版内容免费对市民开放。重庆市及下属区（县）电视台增加适合老年人观看的相声、小品、电视剧和适合未成年人观看的科普、文化节目，协调"学习强国"学习平台调高每天可获得的积分上限，协调优酷、爱奇艺、腾讯等在线综合视频平台增加免费电影、电视剧，缓解市民居家的精神压力。

（三）做好应急科普宣传

一是建立信息发布机制。建立权威机构、权威专家、权威媒体信息发布机制，加大医疗卫生专家发声力度，提高信息发布的权威性、专业性、时效性，正面引导市民了解掌握新冠肺炎疫情动态和科普知识。加强专家与媒体的合作，解决专家"有科难普"和媒体"能普缺科"的矛盾。二是优化科普宣传内容。加大对《新型冠状病毒感染的肺炎防控公众预防指南汇编》和《家庭新型冠状病毒感染的肺炎预防指南》的宣传力度，引导市民科学、规范地应对新冠肺炎疫情。组织专家在权威科普宣传资料基础上分别设计针对老年人、未成年人及农村居民、社区居民的动画、漫画、海报、电视节目等，提高科普的趣味性、精准性和群众接受度。三是整合科普宣传力量。构建党委政府领导，政府部门、人民团体、社会组织、企事业单位联合开展应急科普的立体化、社会化大科普格局。在提升电视、网络、手机短信等宣传方式质量的基础上，在村、社区大面积张贴通俗易懂的宣传海报，通过广播设备循环播放宣传口号，打通应急科普"最后一公里"。四是严厉打击疫情谣言。督促媒体主动担当作为，遏制虚假信息。加大舆情监督和谣言打击力度。建立谣言快速甄别机制、联动辟谣机制，为迅速发现谣言、核实谣言，联动发布真实信息提供保障。及时发布权威科普和辟谣信息，击碎谣言，引导舆论。五是提供网络心理辅导。组建专业心理支持团队，开通心理支持热线和网络辅导服务业务，为市民免费提供网络心理辅导服务，增强市民战"疫"信心。

（四）建立长效疫情防控机制

一是优化政策措施。战胜新冠肺炎疫情，及时发布《居民家庭应急储备物品建议清单》，建议在条件允许的情况下，每个家庭都储备一些避险逃生、生存求助、饮用水、食品、药品、重要资料等应急物品，以备不时之需。将公共卫生知识作为公民科学素质测评的重要内容，将应急科普纳入突发事件应急管理体系建设和综合防灾减灾体系建设，提高市民防控重大公共卫生风险的意识和能力。大力发展数字经济，加快补齐数字交通物流、数字医疗、数字生活服务等短板，提高政府治理与重大突发事件应对能力。倡导网上办公、弹性办公，打造新型高效办公模式。二是组织宣传活动。组织世界卫生日系列活动，推动设立中国"传染病防治宣传日"，提高有关部门和市民对公共卫生、疫情防控的重视程度。三是强化社区治理。在全市社区逐步普及网格化管理，运用大数据、云计算、人工智能等新一代信息技术，加强对社区各处的巡查，提高社区管理能力和问题处理速度。加强社区、物业、业主委员会与家庭的妥善对接，优化社区、物业、业主委员会、家庭"四位一体"防控协同发展机制，构建新型社区疫情防控生态链和社区命运共同体。

执笔人：秦定龙　向　文

新冠肺炎疫情下，重庆市社区治理智能化建设

重庆科技学院　牟丽娇　徐　东　狄亚娜

重庆警察学院　崔海龙　李振宇

摘要： 习近平总书记强调，社区是疫情联防联控、群防群控的关键防线。鼓励运用大数据、人工智能、云计算等技术，在疫情监测分析、病毒溯源、防控救治、资源调配等方面更好地发挥支撑作用。重庆科技学院、重庆警察学院研究团队通过调研发现，新冠肺炎疫情发生以来，重庆市社区治理智能化系统在支撑社区提高疫情防控效能方面发挥了重要作用，但也暴露出软件体系不够健全、实体平台建设滞后、数据共享有待加强、支持保障力度偏弱等问题，建议进一步健全机制、夯实基础、补齐短板，助推基层治理现代化，把社区建成疫情防控的坚强堡垒。

关键词： 新冠肺炎疫情；社区；治理智能化

新冠肺炎疫情发生以来，习近平总书记高度重视，多次主持召开会议对疫情防控工作进行研究部署，并对如何发挥社区在疫情防控中的作用提出明确要求。在 2020 年 2 月 3 日召开的中央政治局常务委员会会议上，习近平总书记指出，要压实地方党委和政府责任，强化社区防控网格化管理，实施地毯式排查，采取更加严格、更有针对性、更加管用有效的措施，防止疫情蔓延。2020 年 2 月 10 日，习近平总书记在北京市调研指导新冠肺炎疫情防控工作时强调："全国都要充分发挥社区在疫情防控中的阻击作用，把防控力量

向社区下沉，加强社区各项防控措施的落实，使所有社区成为疫情防控的坚强堡垒。"2020 年 2 月 12 日召开的中共中央政治局常务委员会会议提出，要严格落实早发现、早报告、早隔离、早治疗措施，加强社区防控，切断疾病传播途径，降低感染率。2020 年 2 月 14 日，习近平总书记在中央全面深化改革委员会第十二次会议上指出，要加强农村、社区等基层防控能力建设，织密织牢第一道防线。2020 年 2 月 23 日，习近平总书记在统筹推进新冠肺炎疫情防控和经济社会发展工作部署会议上强调，社区是疫情联防联控、群防群控的关键防线，要推动防控资源和力量下沉，把社区这道防线守严守牢。这些重要讲话和重要会议精神为进一步做好社区疫情防控工作、发挥社区在疫情防控中的阻击作用指明了方向，提供了遵循。

一、重庆市社区治理智能化建设存在的主要问题

（一）软件体系不够健全

新冠肺炎疫情防控的关键在于减少人员接触和快速反应。但新冠肺炎疫情发生之初，在社区排查方面，虽然重庆市委政法委、重庆市大数据局、重庆市两江新区等第一时间研发了"疫情排查""入户摸排 App"等软件，提高了基层数据后期处理效率，但前期数据采集仍需上门逐户排查，人力、物力成本较高且存在交叉感染等风险。另外，在企业复工复产方面，尽管重庆市科协、重庆市高新区等及时为企业免费研发了"企业复工备案申请平台""人员健康出入登记管理""我爱微小店"等应用程序，但由于许多企业特别是中小企业生产经营智能化、自动化程度较低，管理人员素质水平有限，软件发挥的作用也有限。

（二）实体平台建设滞后

社区治理智能化和疫情防控的重要载体是综合治理中心和网格。但目

前市、区（县）、乡镇（街道）、村（社区）四级综合治理中心正在建设中，缺乏全市一体化的指挥调度平台。社区网格设置不合理，综合治理、警务、应急、城管、党建、卫健等部门划分网格的标准、范围不一致，存在网格重叠、力量分散等问题，加之部分网格员能力有限、管理体系不够健全，网格化服务管理的科学化和精细化仍需进一步加强。

（三）数据共享有待加强

智能化的根本前提是数据的融合共享。但由于各部门缺乏统筹规划和归口管理，综合治理、公安、应急等部门延伸到基层的信息系统存在系统联通难、标准兼容难、资源共享难等问题。特别是在新冠肺炎疫情发生后，高速公路、火车站、机场等出入口车辆、人员入境信息未能及时共享到社区，为社区摸排带来一定困难。

（四）支持保障力度偏弱

社区治理智能化建设涉及多个部门，需要整合多方资源才能有效推进，特别是在全市共治平台系统开发、网格化建设等方面，协调力有待进一步加强。此外，智能化运用关键在人，但部分社区关键岗位的专业人员短缺，导致智能化平台建而少用甚至建而未用的情况不同程度存在。

二、进一步加强重庆市社区治理智能化建设的对策建议

（一）健全虚拟平台，完善社区治理智能化软件体系

1. 加快建设防控指挥中枢

目前，正在规划建设中的全市社区治理智能化网格化共治平台（以下简称共治平台），既是市、区（县）、乡镇（街道）、村（社区）四级综合治理系统的基础平台，也是全市社区治理智能化的指挥中枢，亟须加

快建设进度。当前，尤其要借鉴疫情防控的经验，进一步优化设计，新增"疫情防控""疑似患者行踪轨迹排查""入户走访摸排""人员出入境排查""辖区企业排查""企业复工申请""员工健康登记管理""市民自主填报"等功能模块，确保从顶层设计上健全基础信息的自动化采集、处理体系。

2. 配套完善客户端和微信交流平台

对接共治平台的信息采集、维护需要，统一开发相应的移动终端，供全市社区干部、网格员、平安志愿者、社区居民等使用，随时随地提交需求、反映问题、反馈办理情况等，确保所有数据都可以由使用者自助填写并提交系统。督促各网格员牵头建立辖区居民、企业微信群并加强维护管理，实现辖区住户、企业全覆盖并保持活跃状态，确保网格员信息第一时间通知社区居民和企业，以实现智能化。

3. 健全疫情管控智能化生态体系

面对居民，大力推行"微信＋政务服务""App＋政务服务"，在共治平台、客户端或微信上链接疫情线索征集、在线问医生、定点救治医院查询、全程健康出行申报（渝康码）、同行程查询、口罩预约、疫情地图、辟谣平台等在线应用，全方位满足广大居民疫情防控需求。面对企业，加快推动智能制造、工业互联网、5G 等普及应用，推动异地线上办公、设备远程管理运维等，实现企业"零接触"生产，提升企业突发事件应对能力。

4. 打造居民"掌上服务"平台

在共治平台、客户端或微信上链接"渝快办""渝快行""渝快融""智慧停车""智慧超市""智慧物流"等应用或微信公众号，全面推行"不见面审批""无接触服务""零聚集服务"，既方便居民、企业，又可以主动"圈粉"，吸引居民和企业积极参与。

（二）建强实体平台，健全社区治理智能化指挥体系

1. 加快推进综合治理中心建设

按照人员、经费、场所、设施"四到位"要求，大力推动市、区（县）、乡镇（街道）、村（社区）四级综合治理中心规范化建设，同步推进视联网建设，实现视频会议、视频接访、视频指挥调度等功能全覆盖。大力推行语音机器人智能外呼平台，帮助乡镇（街道）、村（社区）快速宣传动员、排查等。

2. 着力打造全科网格

坚持"便于管理、界定清晰、工作高效"的原则，可按200～300户的标准统一划分城市社区网格，将现有的综合治理、警务、应急、城管、党建、卫健等部门网格整合为单一的社区治理网格。推行网格员队伍专职化，推动社区民警、调解员、平安志愿者等在网格内开展工作，实现所有部门共享一套网格、共用一批网格员。建立网格员职责清单、教育培训、激励考核、责任追究等制度，实现信息在网格采集、隐患在网格排查、矛盾在网格化解、服务在网格开展、问题在网格解决，打通社会治理"最后一公里"。

3. 强化智能监测体系建设

在机场、火车站、客运站等交通枢纽推广"AI+热成像联动无感知测温预警疫情防控系统"，采用"AI热成像＋人脸识别＋物联网技术"，快速排查发热症状人员。在街面，推广集成高清摄像头的智能路灯，利用其远程喊话、一键报警、信息发布、AI智能识别等功能对路面险情实时监控。在社区，加大"雪亮工程"建设力度，既补点扩面、消除背街小巷等地监控盲区和死角，又整合社区、社会单位等视频，实现各类视频监控资源联网共享。在社区和企业，逐步推广智能门禁、智能门锁系统，全面记录出入人员信息。

（三）聚焦融合共享，提升数据治理和应用水平

1. 落实数据共享机制

一方面，全面实施"云长制"，扎实推进有关部门数据"迁移上云"，实现各"系统云"内部互联互通；另一方面，通过全市数据共享交换平台实现共治平台与区（县）、部门之间的信息资源融合共享，特别是要将高速路口、火车站、机场等出入境人员、集中隔离人员、医院就诊人员、药店购药人员等信息实时共享到共治平台上，真正打破数据壁垒、破除数据孤岛，推动数据"聚通用"，为社区治理智能化建设提供有力保障。

2. 强化数据深度运用

突出实战应用，强化数据集成、关联分析、碰撞比对等，推动应用领域扩大到应急管理、特殊人群服务管理等方面，促进智慧法院、智慧检务、智慧警务、智慧司法、智慧党建等建设，真正实现智防风险、智辅决策、智助司法和智利服务。

（四）强化工作保障，确保社区治理智能化建设持续有力推进

1. 健全统筹协调机制

在市级层面，建立权威高效的议事协调机制，成立以市长为组长的全市社会治理工作领导小组，建立重大问题决策和推进机制，从而将一家部门主推变成各部门共推。在社区层面，建立党建引领社区治理的工作机制，关键是把网格党组织建起来，以党组织为主渠道，把公共服务、社会服务、市场服务、志愿服务等各方面资源集中到网格，投送到千家万户。

2. 强化人才、技术支撑

强化人才、技术支撑核心是建立健全社区工作者职业体系，加大培训管理和关爱激励力度，打造专业化社区骨干队伍。探索在高校、高职院校、职业中专试点开设智能化社会治理、智能社区管理等专业，提高源头

供给质量。在基层干部、社区工作者等招聘时，优先录用熟悉人工智能、大数据、公共卫生与防疫等专业人才；探索设立专门的社区智能化人才基金、纳入重庆英才计划支持序列等方式，支持社区专业人才的引进、培养和激励。采取技术培训、挂职锻炼、轮岗交流等方式提升社区工作人员的专业理论水平和实践能力。加大政府购买公共服务力度，支持社区与专业公司、科研机构等签订长期技术合同，确保技术支撑有保障。

新时代中国特色社会主义科技群团道路的前瞻与探索

——论中国科协在国家治理体系中的角色与使命

中国科协创新战略研究院　董　阳

摘要：中国科协是科技工作者的群团组织，是党领导下的人民团体。聚焦政治性、先进性、群众性三大要求，中国科协积极落实为科技工作者服务、为创新驱动发展服务、为提高全民科学素质服务、为党和政府科学决策服务的职责定位，着力构建三轮驱动、三化联动、三维聚力的工作体系，加速科协组织的格局重塑、流程再造、组织重构，以国家全面创新改革试验第三方评估，努力探索和实践新时代中国特色社会主义科技群团道路。

关键词：新时代中国特色社会主义；科技群团；中国科协

一、现状及问题：新时代中国特色社会主义科技群团建设的必然要求

中国科协是科技工作者的群团组织，是党领导下的人民团体。保持和增强科协组织的政治性、先进性、群众性是科协事业发展的生命力所在。群众性是科协组织的基本特征，科协组织要代表广大科技工作者的追求，反映科技工作者的愿望和呼声；先进性是科协组织的重要特征，科学技术是最活跃、最具革命性的生产力，科学文化是先进文化的重要组成部分，

科协组织要溯先进生产力之源，开先进文化之先；政治性是党和国家对科协组织的内在要求，科协组织作为党和政府联系科技工作者的桥梁和纽带，需要努力在国家的大政方针中体现科技发展的方向，反映科技工作者的诉求，更需要引导科技工作者融入党和国家建设的洪流，自觉成为国家推动科技进步和创新发展的重要力量。

相对于建设世界科技强国中须承载的新使命而言，科协组织还存在一系列突出问题：由于拥有的资源有限，战线拉得较长，各方面都想有所建树，因此重点不突出，成效不明显，影响力不大，科协组织的本质属性没有得到充分体现，科协的独特优势没有得到充分发挥，导致科协组织的社会形象不够鲜明、公众对科协认知度不够、科技工作者对科协认同感不强，这在一定程度上影响了科协作用的发挥。

为了更好地履行党和政府联系科技工作者的桥梁纽带职责，发挥好推动科技事业发展重要力量的作用，需要进一步改革创新，优化工作内容、创新工作方式、有效配置资源，把有限的人力、财力和物力聚焦到核心职能上来，以核心职能的充分发挥，展示科协组织在经济社会发展和科技进步中的独特作用，提高社会影响力，树立科协鲜明形象。

二、改革和创新：新时代中国特色社会主义科技群团建设的必由之路

改革和创新是推动新时代科协事业发展的根本动力。党的十九届四中全会发布的《中共中央关于坚持和完善中国特色社会主义制度推进国家治理体系和治理能力现代化若干重大问题的决定》强调，健全联系广泛、服务群众的群团工作体系，推动人民团体增强政治性、先进性、群众性，把各自联系的群众紧紧团结在党的周围。科协组织必须坚持走中国特色社会主义群团发展道路，坚持自我革新，在历史前进的逻辑中前

进、在时代发展的潮流中发展，扭住深层次矛盾和重难点问题，不断推进科协组织建设的理论创新、实践创新、文化创新，始终与党和国家伟业发展同频共振。

中国科协的工作体系如图 1 所示。

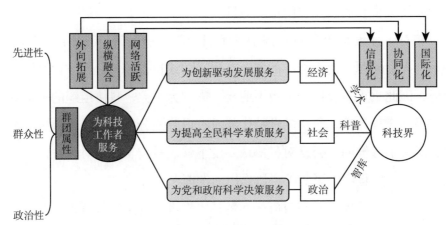

图 1　中国科协的工作体系

（一）科协组织的格局重塑

习近平总书记在 2016 年的"科技三会"上对中国科协各级组织提出了明确要求，"要坚持为科技工作者服务、为创新驱动发展服务、为提高全民科学素质服务、为党和政府科学决策服务的职责定位"。

在"四服务"职责定位中，"为科技工作者服务"是核心，体现了群团组织的根本属性和"政治性、先进性、群众性"的内在要求，为科技工作者服务是科协组织的天职，科协组织必须坚决贯彻落实党的群众路线，坚持以科技工作者满意度为衡量科协服务的标准，多为科技工作者办好事、解难事，维护和发展科技工作者利益，强化对科技工作者的政治引领、政治吸纳，不断增强科协组织自身吸引力、感召力、凝聚力、影响力。同时，"为科技工作者服务"是基础，通过加强政治引领，不断保持和增强科协组织的政治性、先进性、群众性，能够更好地团结引领广大科技工作者，塑造能够最广泛地汇集科技工作者的集体智慧、最充分地调动科技工作者积极性和创造性的新型家园，保障其他"三服务"职责的实现。

一是为创新驱动发展服务，旨在打通科技与经济之间的联通渠道，由此衍生了中国科协的"学术"职能。通过突出学术引领功能，主抓学会管理、学术交流、学术期刊、企业服务、重点项目，全面接入全球创新网络，构建同亚洲、欧洲和北美的科学共同体合作平台，掌握学术评价主导权、主动权，从而团结和带领广大科技工作者进军科技创新和经济建设主战场，为系统推进创新驱动发展战略，全面落实党中央重大决策部署作出最大的贡献。

二是为提高全民科学素质服务，旨在打通科技与社会之间的联通渠道，由此衍生了中国科协的"科普"职能。通过推动纲要实施、科普活动、科普产业化、科普资源共建共享、精准助力科技扶贫，承担反邪教工作，切实提升科普工作的传播力和渗透力，从而团结和带领广大科技工作者密切联系社会，将科学技术作为公共产品向社会公众推广，有效提升全民科学素质。

三是为党和政府科学决策服务，旨在打通科技与政治之间的联通渠道，由此衍生了中国科协的"智库"职能。通过推进科协事业发展战略规划、科协系统深化改革（含学会改革发展），组建中国科技战略委员会，打造中国科技智库联盟，开展省会合作、决策咨询、科技政策法规研究、科技工作者调查研究、科协系统调查统计、技术预测等，从而团结和带领广大科技工作者投身国家治理体系和治理能力现代化事业，推动制度优势向治理效能转化。

（二）科协组织的流程再造

习近平总书记在 2016 年"科技三会"讲话中指出："推动开放型、枢纽型、平台型科协组织建设，接长手臂，扎根基层，团结引领广大科技工作者积极进军科技创新，组织开展创新争先行动，促进科技繁荣发展，促进科学普及和推广，真正成为党领导下团结联系广大科技工作者的人民团体，成为科技创新的重要力量"。中国科协要积极完善治理体系，提升治理能力，通过"三化联动"机制拓展科技界的发展空间。

一是国际化，旨在拓展科技界发展的外部空间。中国科协应当充分发挥民间科技人文交流主渠道作用，以全球视野重新审视科协工作，瞄准国际一流，进一步融入全球科技创新网络，深度参与全球科技治理，锻造新时代科协事业发展的国际品牌，把更多科协工作"流量"积淀升华为品牌和制度"存量"，形成中国特色、科协特点、世界水平的解决方案，着力提升国际影响力，扩大国际话语权。

二是协同化，旨在挖掘科技界发展的内部空间。中国科协应当着力扩大有效覆盖、转变拓展职能、强化基础，做大做强学会，拓宽联系服务科技工作者渠道，推动建立完善创新协同联盟、跨学科联合体、跨产业联合体、跨学会联合体等赋能创新协同组织，充分发挥各级学会学科性和专业性优势，推动专业智库建设，鼓励地方科协加强区域智库基地建设。

三是信息化，旨在建构科技界发展的虚拟空间。中国科协应当适应数字化、网络化、智能化发展趋势，建设网上群团的智慧科协，实现信息互通和数据共享，接长手臂，拓宽科协组织联系服务科技工作者的渠道，增加服务科技工作者的"节点"，搭建科技工作者网上社交平台，构建汇聚各类学会学术资源，推进优质科普内容生产、汇聚和传播，构建大学术、数字化、智能化的智慧科协学术交流系统，增强智慧服务能力，改善服务品质。

（三）科协组织的组织重构

要实现科技界发展空间的拓展，势必要通过提升中国科协的组织力来实现，聚焦科技工作者这一核心群体，依托"三维聚力"，不断增强科协组织自身吸引力、感召力、凝聚力、影响力。

一是通过外向拓展实现国际化。围绕"一带一路"倡议等国家发展战略及重大科技专题、学科交叉前沿，加大协同创新力度，大力推进海外人才离岸创新创业基地建设，引导更多海外优秀人才和创新资源向国内流动。

二是通过纵横融合实现协同化。降低机关化、行政化倾向，利用自身高效联动的扁平化组织体系，以学会为主体，各级科协组织紧密互动，连接政产学研等创新主体，在服务创新驱动发展中体现价值。

三是通过网络活跃实现信息化。适应科技活动内涵不断丰富、科技工作者的概念和外延不断变化的新情况，在网络空间发挥科协组织的影响力，把网上创新主体和载体等纳入科协，让科协真正成为代表最广泛科技工作者的家园。

三、典型经验：国家全面创新改革试验第三方评估

受国家发展改革委员会委托，中国科协创新战略研究院于 2016 年起承担了为期 3 年的国家全面创新改革试验（以下简称全创改）第三方评估任务。2019 年是总结评估的收官之年，也是下一轮"全创改"启动筹划的开局之年，中国科协创新战略研究院在方案设计上积极谋划，以期实现本次评估在"全创改"中的承上启下作用。

习近平总书记在中央全面深化改革委员会第十次会议上指出："落实党的十八届三中全会以来中央确定的各项改革任务，前期重点是夯基垒台、立柱架梁，中期重点在全面推进、积厚成势，现在要把着力点放到加强系统集成、协同高效上来，巩固和深化这些年来我们在解决体制性障碍、机制性梗阻、政策性创新方面取得的改革成果，推动各方面制度更加

成熟更加定型。"因此，当下国家治理体系和治理能力现代化的重中之重就是实现改革创新的系统集成、协同高效。

按照"系统集成、协同高效"的总要求，评估组选取上海市作为典型案例，聚焦全球科技创新策源地建设，结合上海市承担的自贸区新片区、科创板注册制、长三角一体化"三大国家任务"①，以系统集成效果和复制推广价值为重点开展系统评估。

本次评估重点关注三项改革任务的推进程度和推广路径：一是结合自贸区新片区选取海外人才永久居留便利化改革为评估要点，该项改革举措以自贸区为平台，形成"从单点到多点"的政策复制。二是结合科创板注册制选取多层次资本市场及注册制改革为评估要点，该项改革举措基于多层次资本市场体系，实现区域股权交易市场向全国性证券交易市场的制度跃迁。三是结合长三角一体化选取科技资源共建与服务共享改革，运用科技创新券和大型科研仪器共享网络，实现了科技创新中心辐射力的空间延展。

根据对上海市"全创改"的系统评估（图2）可以发现，上海市的改革思路和举措能够为国家治理体系与治理能力现代化提供经验借鉴：一是形成科技创新与制度创新协同演进的全面创新改革格局。二是凝练国家战略与自身需求无缝衔接的改革试验目标框架。三是确立自主创新和开放创新相得益彰的立体联动创新模式。四是突出分层试验和逐级推广有机结合的系统政策创新路径。

---

① 2018年11月5日，习近平总书记在首届中国国际进口博览会上代表中央对上海市赋予三大任务："为了更好发挥上海等地区在对外开放中的重要作用，我们决定，一是将增设中国上海自由贸易试验区的新片区，鼓励和支持上海在推进投资和贸易自由化便利化方面大胆创新探索，为全国积累更多可复制可推广经验。二是将在上海证券交易所设立科创板并试点注册制，支持上海国际金融中心和科技创新中心建设，不断完善资本市场基础制度。三是将支持长江三角洲区域一体化发展并上升为国家战略，着力落实新发展理念，构建现代化经济体系，推进更高起点的深化改革和更高层次的对外开放，同'一带一路'建设、京津冀协同发展、长江经济带发展、粤港澳大湾区建设相互配合，完善中国改革开放空间布局。"

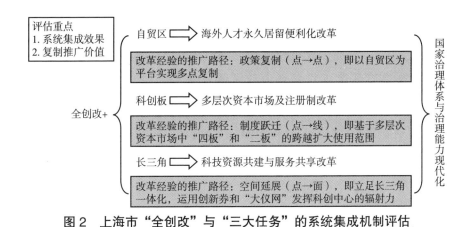

图2 上海市"全创改"与"三大任务"的系统集成机制评估

在习近平新时代中国特色社会主义思想的指导、引领下，中国科协创新战略研究院基于客观、中立的身份，独立开展"全创改"第三方评估，聚焦上海市创新改革实践，将有助于推动"地方创新实践"上升为"国家改革路线"，推动制度优势转化为治理效能。

四、结语

聚焦"建设新时代中国特色社会主义科技群团"这一时代主题，中国科协将全面贯彻落实党的十九大及十九届三中、四中全会要求和中央群团改革的决策部署，着力用新时代科技创新思想武装头脑、指导行动，矢志不渝地以自我革命的精神，主动识变、应变、求变，以培育和发展学会组织为抓手，以基层科协组织建设为切入点，推动科协工作格局重塑、流程再造、组织重构，加速"开放型、枢纽型、平台型"组织从理念变为现实，为新时代中国科技发展建功立业。

参考文献

[1] 怀进鹏. 坚持守正创新　推进中国科协党的建设重大任务落地见效 [J].

机关党建研究，2019（9）：31-34.

　　［2］胡祥明.略论科协组织的政治性、先进性、群众性——以习近平总书记在中央党的群团工作会议上的讲话为基本遵循［J］.学会，2016（8）：26-33.

　　［3］《科协核心职能研究》课题组.科协的核心职能及其强化［J］.科协论坛，2015（3）：46-48.

　　［4］钱学森.探讨中国科协学［J］.科技导报，2009（21）：1.

　　［5］王名.中国社团改革——从政府选择到社会选择［M］.北京：社会科学文献出版社，2001.

　　［6］李正凤.加强思想引领　塑造新型家园［J］.科协论坛，2017（2）：15-17.

　　［7］王春法.充分发挥科技社团在国家创新体系建设中的作用［J］.学会，2008（4）：17-19.

　　［8］青连斌.有为才有位——科协助力经济社会发展"浙江样本"的有益探索［J］.人民论坛，2019（10）：111.

协同治理视角下科协组织参与
社会治理的研究

重庆市江北区委政法委员会　尚凡力

摘要： 随着我国社会管制、社会治理向社会治理的国家治理模式实践演化，社会治理理论也在不断深化和创新，在新时代的背景下，协同治理理论为当下构建"党委领导、政府负责、社会协同、公众参与、法治保障"的治理模式提供了理论依据和路径选择。其中科协组织是多元化社会治理中的一员，在创新驱动、科学普及、科学决策、成果转化等方面发挥着重要作用，但由于自身建设不足和外部法治环境不健全等，科协组织参与社会治理仍存在诸多障碍。本文从"协同"一词出发，从内部完善治理体系、外部优化治理环境两方面着手，探讨政府和科协组织相互协作，在平等合作的前提下，保证科协组织的主体地位，在社会治理中发挥应有的作用。

关键词： 科协组织；社会治理；协同治理

一、研究背景

科协组织作为学术领域社会组织的重要组成部分，对科学普及、科技创新、科技成果转化、决策咨询、科技服务等起了重要作用，是参与社会治理的重要力量之一。党的十九届四中全会指出，要推进国家治理体系和治理能力现代化，并提出"加快推进市域治理现代化"的行动目标。市域社会治理是市域范围内党委、政府、群团组织、经济组织、社会组织、自治组织、公民等多元行动主体在党委领导、政府负责、民主协商、社会协同、公众参与、法治保障、科技支撑的社会治理体系基础上开展的一种社会行动。由此可见，应结合政府、市场、社会组织等多方力量参与社会治理，科协组织作为第三方力量，具备自身的人才、资源和平台优势，科协组织应整合科技资源、推动科技创新、开展科技服务，为推进社会治理、构建现代化治理体系作出贡献。

目前，针对科协组织参与社会治理的研究主要分为两个方面：一是论科协组织参与社会治理的必要性和重要性。王春法提出，科技社团是国家创新体系的重要组成部分，在国家创新体系的演变和运行中发挥着不可替代的独特作用。潘建红、杨姗姗指出，科技类社会组织作为我国非营利性组织的重要组成部分，要找准方向、发挥职能，为提升社会治理添砖加瓦。二是探讨科协组织参与社会治理存在的问题和解决措施。潘建红、石珂指出，科协组织作为第三方力量，科技社团在国家治理中的角色缺位，应通过与多方市场主体合作、承接政府职能等措施促进协同治理体系的构建。李双荣、郗永勤指出科技社团在参与社会治理方面面临相关制度的失灵、缺乏有效的激励措施、自我能力储备不足、资源分配不均衡等问题。因此要从健全法律规范机制、激励机制、内部治理机制等方面入手，加快完善科技社团组织参与社会治理的体制机制。在以往的研究中，更多地探讨科协组织应认准职能职责，主动承接政府职能，很多研究忽略了"协同"的含义，忽略了探讨政府部门作为协同治理的主导者，如何在放权和转移政府职能方面给予科协组织更多的资源和平台。"协同"的真正含义在于建立科协组织和政府相关部门和机构联系合作的长效机制，在社会治理中优势互补、平等合作，推动科协组织高质、高效地参与社会治理。本文将在探究科协组织参与社会治理的基础上，从"协同"出发，从内部完善治理体系、外部优化治理环境两方面着手，探讨政府和科协组织如何相互协作，保证科协组织的主体地位，让其在社会治理中发挥应有的作用。

二、科协组织参与社会治理的理论依据

协同学作为 20 世纪 70 年代创立的新兴系统学科，被广泛应用于各个领域，特别是协同学与治理的结合，在国际社会，科学日益受到关注，协同治理由此成为治理社会公共事务的理想模式。在众多关于协同治理的定义中，联合国全球治理委员会的定义具有很强的代表性和权威性："协同治理"是使相互冲突的不同利益主体得以调和并实现联合行动的持续过程。协同治理是在网络技术与信息技术的支持下，政府、民间组织、企业、公民等相互协调，合作治理社会公共事务，以追求最大化的治理效能，最终达到最大限度地维护和增进公共利益的目的。

协同治理理论是除政府外，多元主体共同参与社会治理，且强调整个治理过程的连贯性和多样性。在多主体参与社会治理的过程中，除了政府具有权威性，其他主体都可以在公共行政活动中发挥和体现自身权威性，协同也就奠定了各参与主体的平等和协同关系，从而补充市场交换和政府自上而下调控的不足，实现各种资源的协同增效。由此可见，协同治理理论在于强调社会治理的多元化和有效政府的功能角色定位，实质是公共权力的回归。当前，协同理论已成为社会发展和治理的必要趋势，协同治理理论为科协组织参与社会治理提供了理论基础。

三、科协组织参与社会治理存在的问题

（一）自身建设和能力不足，导致职能职责发挥不充分

科协组织作为参与社会治理的重要力量，自身建设至关重要，由于科协组织参与社会治理的积极性不够，"协同"意识不强，导致科协组织参

与社会治理时遇到各种问题。

1. 思想观念陈旧

由于科协组织建设观念问题，导致其自主参与社会治理的积极性不够，对于自身的角色定位和参与社会治理的意义和途径缺乏必要的认识，工作方式陈旧，管理机制不完善，不能转变服务理念、服务意识和服务方式。

2. 缺乏专业人才

很多科协及所属学会组织缺乏专业人才，干部年龄结构偏高、学历偏低、业务水平不高，干部队伍不流动，缺乏新鲜血液和活力等，这些是目前很多科协组织面临的人才发展问题。

3. 自身建设不足

许多科协组织内部管理体制机制不健全，挂靠单位影响了组织的内部发展，许多地方科协组织都是为了完成政府交办的常态化活动而完成，抱着完成任务的心态，活动举办缺乏创新，不能在第一时间提供党和政府期望的、社会公众需要的优质服务。

（二）缺乏外部环境的支持，导致社会治理参与度不高

政府部门作为社会治理的主导，在社会治理参与方面未充分给予科协组织参与的资源和平台，缺乏相应的法律法规对科协组织进行认定。

1. 法律法规不健全

科协组织协同社会治理的制度环境不健全，国家在制定政策时，往往只是确立原则性目标，具体的操作和执行缺乏相关法律法规的制约，而在地方的实际执行中存在以限制和控制为取向，不利于科协组织参与社会治理。

2. 政府支持力度不够

党和政府对科协组织的政策支持力度较小，一些草根组织进入社会领域的门槛过高，虽然近几年政府部门在不断简政放权，但政府部门对于科

协组织参与社会治理的重要作用和独特优势认识不足，在思考某项职能能否转移、谁有能力承接的时候，并不能够第一时间想到科协组织，且不能做到充分放权，这制约了科协组织作用的发挥。

3.社会力量未协同

在参与社会活动过程中，社会环境对科协组织缺乏认可，往往科协组织处于单打独斗的境地，其他部门、社会组织等未与科协组织形成合力，科协组织缺乏参与社会治理的社会环境。

四、科协组织参与社会治理的对策建议

（一）强化科协组织参与社会治理的观念

科协组织是参与社会治理的重要主体之一，科协组织需强化自身主体地位，自觉参与社会治理，要加强科协组织自身对于这种主体地位的认知和掌握，以参与社会治理的"主人翁"意识激发科协组织融入社会治理的主动性和积极性。科协组织作为科技创新的重要力量，要增强创新意识、服务中心工作，为创新驱动助力，要想真正实现"促进科技繁荣发展，促进科学普及和推广"的目标，科协组织要不断强化创新观念，释放科协组织的创新活力。在民主决策方面，对"上"要充分发挥专业优势和平台优势，依靠政协界别组发挥参政议政作用，为顶层设计出谋划策；对"下"要强化服务意识，主动参与基层议事、提供公共服务、增强公众参与，促进民主决策和科学决策。要不断强化"协同"意识，充分发挥好"协同"作用，做好政府职能转变的合作者，成为党和政府社会治理事务的得力助手，成为参与社会治理不可或缺的重要力量。

（二）提升科协组织自身建设水平

科协组织之所以在参与社会治理的过程中遭遇瓶颈，归根结底是科协

组织自身的建设水平还有待提升，打铁还需自身硬，要想有效发挥科协组织参与社会治理的作用，还得提升科协组织的自身建设水平和服务水平。为切实提升科协组织的建设水平，完善内部治理结构至关重要，要进一步健全科协组织，进一步推进去行政化改革，让科技人员自己管理自己，建立起目标责任机制、典型培育机制、考核评价机制等，从而促进科协组织独立化运作。针对目前科协组织存在的人员短缺、专业力量不足等突出问题，要对症下药，加大人才引进和培养。承接政府转移职能是科协组织参与社会治理的重要内容，科协组织要积极探索，做好参与社会治理的思想准备和组织准备，梳理自己的职能职责，与政府部门沟通衔接，摸清政策，勇于担当，主动承接，完善承接清单，落实承接项目，找准服务社会的结合点，确保政府放权的同时，自己能"接得住"。

（三）健全法律法规，加强顶层设计，营造良好的法治和社会环境

强化顶层设计，建立完备的社会组织参与社会治理的法律体系，健全相关政策法规，加强社会组织立法，明确职责、规范行为，为社会组织发展营造良好的政策环境。在法律法规制定上，对于科协组织的成立、发展、日常管理、退出等要有明确的规定，出台更多的扶持政策，降低准入门槛，加大财政支持力度，培育一批有竞争活力的新组织。大力加强法治保障，建立承接机制，明确承接内容和方式，通过规章制度等固化下来，确保科学组织参与社会治理的主体地位。探索建立系统的、有效的科协组织参与社会治理的运行机制，完善竞争机制、承接机制、社会监督和评估机制，激励科协组织参与社会治理，使科协组织在参与社会治理活动中能负责、能问责。紧紧把握科协组织的"群众性"，变被动服务为主动服务，转变服务方式方法，通过科普周、搭建"产学研"平台等为公众提供服务，提高辐射力、影响力、公信力，从政策环境、社会认可度等方面为科协组织协同社会治理营造良好的发展环境。

（四）深化简政放权，有序转移政府职能，实现多元治理

如果说加强法律法规建设为科协组织参与社会治理铺设了法治轨道，在宏观层面为科协组织参与社会治理明确了"合法性"，那么在实际操作中，政府作为社会治理的主导者，要不断深化改革，积极转变政府职能，为科协组织参与社会治理奠定"可操作性"基础。科协组织参与社会治理，很大一部分作用发挥来源于承接政府转移的职能，开展社会化公共服务。借全面深化改革的契机，政府要"让渡"更多公共管理和公共服务职能，积极主动接轨，各级政府主动向社会力量购买公共服务，分批次、分领域开展对接，从而推动政府积极整合社会资源，向科协组织开放更多的公共资源。同时，党和政府要帮助和指导科协组织建立承接政府转移职能相应的责任机制和社会监督机制，规范科协组织行为，确保其高质、高效参与社会治理，使科协组织能在政府主导下实现自我服务、自我管理和自我发展。

五、结语

科协组织的定义和职能职责决定了其在社会治理中的角色和重要作用，由于自我建设的不完善和外部环境缺乏支持，导致科协组织参与社会治理面临诸多困难，但随着社会体制改革和政府职能转变，科协组织将在社会治理创新中发挥更大的作用。对于科协组织来说，协同治理不仅指科协组织的自身发展和主动参与，更是政府部门给予支持、培育和主动放权，随着内部因素壮大和外部力量的支持，科协组织势必在加强和创新社会治理中赢得更广阔的发展空间，发挥更加不可替代的作用。

参考文献

［1］王春法. 关于科技社团在国家创新体系中地位和作用的几点思考［J］. 科学学研究，2012（10）.

［2］潘建红，杨姗姗. 试论科技类社会组织参与社会治理的实践功能与建议［J］. 社会工作，2018，6（3）：81-86.

［3］潘建红，石珂. 国家治理中科技社团的角色缺位与行动策略——以湖北省为例［J］. 北京科技大学学报（社会科学版），2015（3）.

［4］李双荣，郗永勤. 科技社团参与社会治理的体制机制研究［J］. 学会，2017（12）.

［5］何水. 协同治理及其在中国的实现——基于社会资本理论的分析［J］. 西南大学学报（社会科学版），2008（5）：102-106.

［6］姜士伟. 论转型中国社会治理的复合性及复合治理［J］. 湖北行政学院学报，2016：（5）.

［7］燕继荣. 协同治理：社会治理创新之道——基于国家与社会关系的力量思考［J］. 中国行政管理（人力资源），2013（2）：58-61.

［8］郑华，徐继平，曾波，等. 科学组织参与社会治理的战略选择［J］. 学会透视，2015（1）：21-23.

［9］卢海燕. 非政府组织：构建完善的公共服务体系之路径［J］. 河南师范大学学报（哲学社会科学版），2006（1）.

［10］王建国. 促进科协组织参与社会治理的对策［J］. 科协论坛·调宣建言，2014（2）：45-47.

［11］任远. 科协组织协同社会治理创新问题研究［D］. 长春：吉林大学，2013.

新冠肺炎疫情防控中
科协组织参与国家治理的探讨

西南大学天文地质馆　李昆桦

摘要： 在新冠肺炎疫情防控过程中，我国科协组织广泛深入地参与突发公共卫生事件的国家治理。本文就疫情防控中科协组织参与国家治理的方式、作用等进行探讨，展现科协组织在国家治理体系中的领先地位，同时为科协组织创新治理途径、提高治理能力，更好地参与国家治理提供现实参考。

关键词： 疫情防控；科协组织；国家治理

一、引言

新冠肺炎疫情是中华人民共和国成立以来发生的传播速度最快、感染范围最广、防控难度最大的重大突发公共卫生事件。由于多种风险因素交织叠加，新冠肺炎疫情目前已在全球暴发成为"全球性大流行病"。疫情防控成为对世界各国治理体系和治理能力的一次大考。对中国而言，疫情防控着眼于国家治理体系和治理能力现代化与中华民族伟大复兴的现实需要。

新冠肺炎疫情发生以来，全国上下科协组织全面贯彻落实习近平总书记重要讲话、指示精神与党中央决策部署，坚持以习近平新时代中国特色社会主义思想为指导，围绕中心、服务大局、积极行动、全力奋战，团结引领广大科技工作者为打赢疫情防控阻击战提供科技支撑，为推动经济社会发展贡献科协力量。同时，全国科协组织在新冠肺炎疫情的应战应考中积极参与国家治理，提升了自身的组织力、领导力与社会决策力、影响力，充分凸显出科协组织在国家治理体系中的领先地位，在国家治理能力提升中发挥着重要作用。

二、科协组织在国家治理体系中的地位

国家治理指主权国家的执政者及其国家机关为了实现社会发展目标，通过一定的体制设置和制度安排，协同经济组织、政治组织、社会团体和公民共同管理社会公共事务、推动经济和社会其他领域发展的过程。其中，科协组织作为社会团体，在国家治理体系中具有领先地位。主要表现在以下方面。

（一）科协组织是推进国家治理体系和治理能力现代化的重要力量

党的十八大指出，国家治理体系和治理能力现代化是全面深化改革的总目标。国家治理的现代化是实现国家治理的科学化、民主化、法治化的过程。在政府职能向各基层组织下放的背景下，科技社团根据自身专业领域和具体方向承接政府不同的职能，以社会组织形式实现政府意图，提升治理绩效，优化治理体系，并实现自身发展。同时，科协组织为国家治理建言献策，创新治理方式，推进国家治理的科学化。

（二）科协组织是将先进生产力转化为经济社会发展动力的重要支撑

《国家创新驱动战略发展纲要》提出："国家的核心支撑是科技创新能

力，创新是引领发展的第一动力。"科协组织不仅为技术研发机构、技术需求机构等提供知识人才、应用技术、项目资金及信息等，助力先进生产力的转化，同时为社会提供科学知识、科技文化、技术指导等服务，提高社会的创新效率。科协组织在推进经济社会发展与创新驱动发展战略中起着重要支撑作用，成为国家治理的先进动力。

（三）科协组织是实现国家治理基层联动及公民参与的重要参与者

科协组织是联动基层群众的重要参与者。科普基地、科学团队等组织通过各种形式的科技活动的开展，传播科学知识、提升群众科学素养，并为群众服务。如科普展览、科学讲坛、科技咨询与维权等。同时，科协组织促使公众参与到国家治理的各个环节，充分发挥民主的理念，为公民提供重要的表达机制；通过一定的程序或途径保障公民的知情权和参与权，帮助公民参与相关的决策管理活动，从而增强政策制定的公正性与合理性。

三、疫情防控中科协组织参与国家治理的途径

（一）政府层次：听党指挥，抗击疫情；号召引领，科研攻关

在新冠肺炎疫情防控过程中，中国共产党作为最高政治领导力量发挥着总揽全局、协调各方的核心作用。新冠肺炎疫情发生后，以习近平同志为核心的党中央高度重视疫情防控工作，根据新冠肺炎疫情发展情况、疫病防控规律、科研攻关和救治特点，审时度势、果断决策，团结带领全党、全军、全国各族人民与疫情展开殊死搏斗，坚决打赢疫情防控的人民战争、总体战、阻击战。

在新冠肺炎疫情面前，科协作为党领导下的群团组织，通过积极调动

专家学者的研究能力，充分将人才资源转化为促进科学防控疫情的强大力量，发挥科协组织在国家治理中的关键作用。科协组织一方面号召广大科研工作者聚力科研攻关，在病毒传播、快速检测、对症药物、疫苗研制等方面扎实工作为做好疫情防控提供科技支撑。另一方面，充分发挥学术研究导向作用，通过学术期刊、信息交流强化科学指导，并加强科研数据开放共享，方便研究工作和学术沟通。同时，科协组织发挥专业性和灵活性优势，组织专家进行研判，为政府决策提供前瞻性信息。

（二）社会层次：应急科普，深入基层；宣传引导，助力防控

2020 年 1 月 22 日，中国科协面向地方发布《关于开展新型冠状病毒感染肺炎疫情应急科普工作的通知》，要求科协系统做好当前和今后一段时期新冠肺炎疫情应急科普工作，科学宣传疫情防护知识，提高公众自我保护意识。此后，中国科协向全国科技工作者发出倡议，号召科技工作者为打赢疫情防控阻击战贡献智慧和力量。由此，全国各级科协充分发挥自身专业优势，组织广大的科技工作者为疫情防控建言献策、创作科普内容、制定防疫指南、提出防疫科学建议等，科学助力疫情防控。

例如，重庆市科协一方面充分利用科普中国、健康中国、中国疾控中心等权威渠道发布防控新冠肺炎疫情科普资讯，改编制作手册、挂图、海报、音视频等科普资源；另一方面，构建多媒体传播矩阵，充分借助各大权威广播、网站、报社、电视台、微信公众号等，全方位发布新冠肺炎疫情信息，推送科普资讯，做到"科学辟谣"。同时，专业科技工作者还通过专栏访谈、在线科普讲座、编著科普图书等宣传防疫知识，创作了丰富的原创科普资源，形成了内容海量、门类齐全的疫情科普资源库。科协将新冠肺炎疫情信息宣传引导至基层群众，助力全社会凝聚起万众一心的抗疫力量。

（三）个体层次：科学疏导，贴心关怀；志愿服务，各方保障

作为突发公共卫生事件，从新冠肺炎疫情暴发到社会秩序的恢复会经历一个相当漫长的过程。社会秩序的恢复与重构需要科协等社会团体向每个个体投入教育力量和智力扶助，包括全民的公共卫生素养、医学科学素养、法律法规素养、公民责任权利、城市危机应对和治理能力等。在抗疫阻击战中，科协坚决贯彻"坚定信心、同舟共济、科学防治、精准施策"的总要求，从应急科普切入，坚持需求牵引、问题导向，推动科技志愿服务进入疫情防控主战场。各级科协引导广大基层一线科技工作者做好疫情防控和科普宣传，组织医护培训，开展新冠肺炎疫情健康指导，帮助群众正确认识疫情、科学防控疫情。

同时，科协组织积极开展心理疏导和心理咨询服务，减少公众的焦虑和社会的恐慌，以科学有效的抗击疫情动员彰显了科协的组织力。部分科协组织动员了专业学会、科研机构和高校等开发"空中课堂"等在线教育课程，为中小学生"停课不停学"提供更丰富的学习资源。在新冠肺炎疫情发生后，科协组织还联合相关学会与科技工作者在专业领域服务与企业、个体的复工复产、设施修复等工作，加快促进了地方经济社会发展回归"正轨"。

四、从疫情防控看科协组织在国家治理中的作用

（一）科协组织为国家治理提供科技人才与科学技术支持

习近平总书记在北京考察新冠肺炎疫情防控科研攻关工作时强调，人类同疾病较量最有力的武器就是科学技术，人类战胜大灾大疫离不开科学发展和技术创新。新冠肺炎疫情发生后，全国第一时间集中资源，将公共卫生领域的院士专家派往抗疫一线，指导当地政府科学有序开展防疫和病

患救治工作。同时，设立科研专项研究基金，动员全国科研团队，集中力量开展疾病诊断、病毒检测、药物筛选等科研攻关。可见在疫情防控中，科协组织为国家治理提供了优秀的科技人才与科学技术支持。科学技术是第一生产力，科技工作者是第一资源，科协组织由此成为促进科学防控疫情的中坚力量。

（二）科协组织的网络化与多方联动提升国家治理能力

科协组织的网络化优势是参与突发公共事件治理的保障，是提升国家治理能力的重要因素。科协组织在横向上涵盖了跨学科、跨行业、跨部门的学会，有分布在企业、高校、乡镇（街道）的企业科协、高校科协、乡镇（街道）科协等；在纵向上，有依托行政区划设置的全国科协、省（区、市）科协、地（市）科协、县（区）科协。网络化有利于科协组织准确获取相关信息，积极协调调动各方资源，更加精准地发挥治理作用，系统、高效地参与国家治理。在疫情防控中，全国科协组织坚持"一盘棋"，利用遍布城乡的组织网络和基层阵地多方联动，打造了"横向到边、纵向到底"的抗疫科普体系，提升了国家对突发公共事件的治理能力。

（三）科协组织在国家治理中能充分调动与引导群众

党的十九大明确要"保证党领导人民有效治理国家"。构建共建、共治、共享的社会治理共同体，共建的力量来自人民，共治的智慧出自人民，共享的成果为了人民。从疫情防控看，群众性优势是科协组织参与突发事件治理的基石。科协作为科技工作者的群团组织，拥有良好的群众基础，能够广泛调动群众的积极性，有效整合社会资源，投入突发事件的应对工作，调动和引导人民群众参与国家治理。在疫情防控中，广大城乡居民在科协组织的引导下形成了自愿遵守的行为规范，共同承担起与疫情相关的卫生防疫、人员登记、身份核查等工作，推动了疫情防控的精细化管理。

另外，在疫情防控中，科协组织具有深入群众引导正确的舆论导向作用。调查显示，面对纷繁复杂的疫情信息，专家（主要指科学家群体）是公众在突发公共事件中最依赖的对象，因此，专家的解读对公众获取科学知识具有核心作用，能够引领正确的舆论导向，让公众以科学的态度认识疫情，有效抑制谣言的传播。新冠肺炎疫情期间，从广大媒体宣传科普可见科协组织在国家治理中引导群众的重要力量，形成了以群众为根基的疫情防控基础。

（四）科协组织参与国家治理为推动经济社会发展服务

科协组织作为党和政府与科技工作者沟通的桥梁、纽带，时刻与科技工作者紧密联系，能够在短时间内建立与科技工作者的直接联系，及时获取科技工作者应对突发事件的相关信息、需求、建议，并给予相应反馈。在疫情防控中，科协组织凝聚科技界智慧，为政府、社会提供优质的专业化服务，积极建言完善应对新冠肺炎疫情影响的公共政策，按照统筹推进疫情防控和经济社会发展的要求，为政府管理、社会治理贡献了智慧和力量。从疫情防控看，科协组织参与国家治理并提供专业服务有助于缓解政府部门在突发公共事件治理上的压力，也有助于提高国家应对突发事件的能力，有效地恢复生产生活秩序，维护社会的和谐与稳定。

五、总结

纵观历史，各类突发公共事件层出不穷，每次暴发不仅对人民生命财产安全构成严重威胁，而且深刻地影响了经济发展和社会稳定。科协组织作为党和政府领导下团结联系广大科技工作者的人民团体，是突发公共事件治理的中坚力量。新冠肺炎疫情的防控充分体现了科协组织在突发公共事件治理中的重要作用。科协组织广泛而强大的人才资源、技术支持、宣传力量、联动机制是其参与国家治理的突出优势，是立足于国家治理体系领先地位的有力支撑，是全面提升国家治理能力的重要推动力，有助于实现国家治理体系和治理能力现代化，更好地推进经济社会繁荣稳定。

面对新时代国家治理的新要求，科协组织参与国家治理难免存在问题。基于新冠肺炎疫情防控，科协组织需要发现自身在参与国家治理中存在的突出问题，深刻反思、补齐短板，同时在理念、行动、方法方面不断优化创新。在国家顶层部署和多元主体引领下，科协组织将更好地为党和国家贡献科协智慧，为广大人民群众服务，成为推进国家治理体系和治理能力现代化的重要力量。

参考文献

［1］许耀桐，刘祺. 当代中国国家治理体系分析［J］. 理论探索，2014（1）：10-14.

［2］潘建红，张怀艺. 基于结构－功能分析的科技社团推进国家治理［J］. 中国科技论坛，2018（12）：9-15.

［3］潘建红，石珂. 国家治理中科技社团的角色缺位与行动策略——以湖北省为例［J］. 北京科技大学学报（社会科学版），2015，31（3）：87-96.

［4］张艳欣. 从新冠疫情看科协如何发挥群团组织作用［J］. 今日科苑，2020（2）：12-14.

［5］王志芳. 新冠肺炎疫情中科协系统应急科普实践研究［J］. 科普研究，2020，15（1）：41-46，106.

［6］张再生. 新冠肺炎疫情防控中的国家治理体系与治理能力建设［J］. 理论与现代化，2020（2）：31-39.

［7］重庆市科协. 抓好应急科普要注重"五个结合"［N］. 重庆日报，2020－04-01（10）.

［8］刘佳."国家－社会"共同在场：突发公共卫生事件中的全民动员和治理成长［J］.武汉大学学报（哲学社会科学版），2020，73（3）：15-22.

［9］邓元慧.发挥科协组织优势参与公共突发事件治理［J］.今日科苑，2020（2）：9-11.

［10］郭声琨.坚持和完善共建共治共享的社会治理制度［N］.人民日报，2019-11-28.

［11］张艳欣.从新冠疫情看科协如何发挥群团组织作用［J］.今日科苑，2020（2）：12-14.